U0611520

中高职衔接系列教材

PHP+MySQL 网站开发项目式教程

主编　黎明明　苗志锋

中国水利水电出版社
www.waterpub.com.cn

内 容 提 要

PHP 是目前世界上最流行的 Web 应用开发语言之一。本教材围绕 PHP 程序员岗位能力要求，采用"项目导向、任务驱动"的编写模式以留言板、电子商城项目为载体来组织内容。

本教材按照学习认知规律，共分为三大篇章，即入门篇、基础篇、进阶篇。入门篇包括项目 1～2，读者学习后能搭建 PHP 开发运行环境，部署主流的开源 PHP 项目，能编写简单的 PHP 小程序；基础篇包括项目 3～5，是简单的项目实战，是使用"MySQLi 扩展"技术开发留言板；进阶篇包括项目 6 - 7，是复杂的项目实战，是使用"PDO 扩展"技术来完成电子商城的项目开发。

本教材适合作为高职高专院校计算机相关专业 Web 应用开发课程的教材，也可作为计算机相关专业培训机构的学生和广大 PHP 程序开发爱好者的基础读物。

图书在版编目（C I P）数据

PHP+MySQL网站开发项目式教程 / 黎明明，苗志锋主
编. -- 北京 : 中国水利水电出版社，2016.6
中高职衔接系列教材
ISBN 978-7-5170-3963-1

Ⅰ. ①P… Ⅱ. ①黎… ②苗… Ⅲ. ①PHP语言－程序
设计－高等职业教育－教材②关系数据库系统－高等职业
教育－教材 Ⅳ. ①TP312②TP311.138

中国版本图书馆CIP数据核字(2015)第316560号

书　　名	中高职衔接系列教材 **PHP+MySQL 网站开发项目式教程**
作　　者	主编　黎明明　苗志锋
出版发行	中国水利水电出版社 （北京市海淀区玉渊潭南路 1 号 D 座　100038） 网址：www.waterpub.com.cn E-mail：sales@waterpub.com.cn 电话：（010）68367658（发行部）
经　　售	北京科水图书销售中心（零售） 电话：（010）88383994、63202643、68545874 全国各地新华书店和相关出版物销售网点
排　　版	中国水利水电出版社微机排版中心
印　　刷	北京瑞斯通印务发展有限公司
规　　格	184mm×260mm　16 开本　15 印张　356 千字
版　　次	2016 年 6 月第 1 版　2016 年 6 月第 1 次印刷
印　　数	0001—2000 册
定　　价	**32.00 元**

凡购买我社图书，如有缺页、倒页、脱页的，本社发行部负责调换

版权所有·侵权必究

中高职衔接系列教材
编　委　会

主　任　张忠海

副主任　潘念萍　　　陈静玲（中职）

委　员　韦　弘　　　龙艳红　　　陆克芬

　　　　宋玉峰（中职）邓海鹰　　　陈炳森

　　　　梁文兴（中职）宁爱民　　　韦玖贤（中职）

　　　　黄晓东　　　梁庆铭（中职）陈光会

　　　　容传章（中职）方　崇　　　梁华江（中职）

　　　　梁建和　　　梁小流　　　陈瑞强（中职）

秘　书　黄小娥

本 书 编 写 人 员

主　编　黎明明　　　苗志锋

副主编　梁文兴（中职）农朝勇　　　钟文基

参　编　姚　馨　　　刘荣才　　　邓丽萍

主　审　宁爱民

前言 QIANYAN

PHP 问世于 1994 年，是一种开源的、跨平台的、快速的、安全的、面向对象的、简单易学的、性能优越的服务器端开发语言。它的应用前景十分广阔，Apache+MySQL+PHP 组合以其开源性和跨平台性而著称，被誉为 Web 开发的黄金组合。

目前市场上关于 PHP 图书不乏经典之作，但是适合于中高职衔接教育的图书很少。本教材是按照普职互通、中高职衔接的理念设计的一体化的中高职系列教材，是结合编者多年教学经验和项目开发经验精心提炼而来，希望它能成为您书架上的一本好教材！

按照项目开发流程和学生认知规律，本教材共分为三大篇章，入门篇、基础篇、进阶篇。其中入门篇包括项目 1~2，读者学习后能搭建 PHP 开发运行环境，部署主流的开源 PHP 项目，能编写简单的 PHP 小程序；基础篇包括项目 3~5，是使用"MySQLi 扩展"技术的项目实战，内容为留言板的数据库设计→留言板的发表留言、编辑留言、删除留言功能模块开发→将留言板发布到云平台，读者学习后能使用"MySQLi 扩展"完成留言板的项目开发；进阶篇包括项目 6~7，是使用"PDO 扩展"技术的项目实战，内容为电子商城开发中的使用技术介绍→电子商城的前台和后台功能开发，读者学习后能使用"PDO 扩展"完成电子商城的项目开发。

项目实战按照提出问题、分析问题、解决问题的思路编写，又分为项目导航、任务分析、知识点分析、实施步骤等五部分。在项目导航部分提出问题、布置任务；在任务分析阶段明确任务目标；在知识点分析阶段学习解决问题的相关知识点；在实施步骤部分完成任务的设计制作。读者通过本教材的学习既可以掌握 PHP 语言和 MySQL 数据库知识，又可以掌握如何把知识运用到实际项目开发中，做到学以致用。

一、教材特色

• 以项目为载体

强化职业能力培养，以留言板项目和电子商城项目为载体来组织教材内容。通过本教材的学习，读者即可以掌握简单入门项目留言板项目和复杂进阶项目电子商城的开发，教材按照项目开发流程和学生认知规律，循序渐进，由简入难地带领大家完成项目开发。

· 教材配套资源丰富

本教材配备了包括项目资料（静态页面、完整项目）、电子课件、工具软件、技术手册等大量的电子资源，为读者的学习和教师的教学提供方便。

· 代码规范，注释详尽

为了提高读者的实际编程能力和方便阅读，书中代码采用规范的编写格式并添加了详细的注释。

· 图文结合，形象生动

为了提高读者学习兴趣和保证更高效的学习，书中插入大量的示意图、流程图和程序运行图。

二、内容介绍与教学建议

本教材围绕 PHP 程序员岗位能力要求，围绕项目开发，对 PHP 语言和 MySQL 数据库知识有详细的讲解。本教材内容结构如下：

项目 1：介绍项目开发环境（WAMP）和编辑环境（DreamWeaver、Netbeans）的搭建。

项目 2：介绍项目开发所需 PHP 基础知识，主要包括 PHP 基本语法、程序结构、函数、数组等内容。

项目 3：完成留言板项目需要分析和规划设计，介绍了关系数据库的知识、SQL 语句和 MySQL 日常管理与使用等内容。

项目 4：完成留言板项目的功能模块的开发。

项目 5：将完成的留言板项目部署到新浪云平台。

项目 6：介绍电子商城项目的开发所用的会话技术、文件上传技术以及 PDO 扩展技术。

项目 7：完成电子商城项目的功能模块的开发。

建议采用"项目化、学做一体"的教学模式，实际教学过程中可以把项目静态页面下发给学生，学生在此基础上完成各功能模块的开发。各院校可以根据自己的实际情况适当调整教学内容。

三、读者对象

· 高职高专计算机相关专业的学生
· 应用型本科院校计算机相关专业的学生
· 计算机相关专业培训机构的学生
· 广大 PHP 程序开发爱好者

本教材编写团队由学校资深教师和企业专家组成，学校教师具有多年一线教学实践经验，企业专家具有十多年的 PHP 编程经验。本教材由黎明明、苗志锋担任主编，梁文兴、农朝勇、钟文基担任副主编，姚馨、刘荣才、邓丽萍参编，宁爱民担任主审。在教材项目开发和内容选择等方面得到了企业软件工程师的大力支持。由于作者水平、时间、精力所限，难免存在不妥和错误之处，敬请批评指正，我们将不胜感激。

编者

2016 年 5 月

编者

2016 年 3 月

目录 *MULU*

进　阶　篇

入　门　篇

搭建开发运行环境

【教学目标】

1．熟悉 PHP 语言的特点，了解常用的编辑工具。
2．掌握 PHP 开发环境的搭建，学会安装 Apache、PHP 和 MySQL 软件。
3．掌握 PHP 开源项目的部署，学会搭建虚拟主机网站。

【项目导航】

PHP 是一种运行于服务器端的脚本编程语言。PHP 凭借其快速安全、简单易学和跨平台和开源等特点，目前已有超过 2200 万个网站、450 万程序开发人员在使用，是最受欢迎的 Web 开发语言之一。Linux+Apache+PHP+MySQL 已经成为当今建设网站的一种优良框架结构。"工欲善其事，必先利其器。"本项目将介绍如何搭建 PHP 程序的运行和开发环境以及如何部署市场上成熟的开源项目。

任务 1.1　了　解　PHP

1.1.1　静态网页与动态网页

在网站设计中，网页是构成网站的最基本元素。通俗来说，它相当于设计师制作的一份有关于公司企业信息的文件，存储于某一部联网的计算机中，用户通过互联网搜索，从而读取文件，了解公司企业概况。在网页设计中，通常网页分为静态网页和动态网页两类。

静态网页是网站建设初期经常采用的一种形式。网站建设者把内容设计成静态网页，网页上的每一行代码都是由网页设计人员预先编写好后，放置到 Web 服务器上的，在发送到客户端的浏览器上后不再发生任何变化，访问者只能被动地浏览网站建设者提供的网页内容。其特点如下：

（1）网页内容不会发生变化，除非网页设计者修改了网页的内容。

（2）不能实现和浏览网页的用户之间的交互。信息流向是单向的，即从服务器到浏览器。

（3）服务器不能根据用户的选择调整返回给用户的内容。

网络技术日新月异，许多网页文件扩展名不再只是.htm，还有.php、.asp 等，这些都是采用动态网页技术制作出来的。动态网页其实就是建立在 B/S 架构上的服务器端脚本程序。在浏览器端显示的网页是服务器端程序运行的结果。

动态网页的一般特点如下：

（1）动态网页以数据库技术为基础，可以大大降低网站维护的工作量。

（2）采用动态网页技术的网站可以实现更多的功能，如用户注册、用户登录、搜索查询、用户管理、订单管理等。

（3）动态网页并不是独立存在于服务器上的网页文件，只有当用户请求时服务器才返回一个完整的网页。

（4）搜索引擎一般不可能从一个网站的数据库中访问全部网页，因此采用动态网页的网站在进行搜索引擎推广时需要做一定的技术处理才能适应搜索引擎的要求。

静态网页与动态网页的区别在于 Web 服务器对它们的处理方式不同。当 Web 服务器接收到对静态网页的请求时，服务器直接将该页发送给客户浏览器，不进行任何处理。如果接收到对动态网页的请求，则从 Web 服务器中找到该文件，并将它传递给一个称为应用程序服务器的特殊软件扩展，由它负责解释和执行网页，将执行后的结果传递给客户浏览器。静态和动态页面工作原理如图 1.1 和图 1.2 所示。

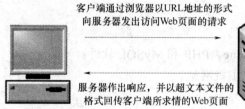

图 1.1　静态页面工作原理

图 1.2　动态页面工作原理

1.1.2　PHP 简介及其发展

PHP 是"PHP: Hypertext Preprocessor"的首字母缩写，PHP 是一种 HTML 内嵌式的语言，PHP 与微软的 ASP 颇有几分相似，都是一种在服务器端执行的嵌入 HTML 文档的脚本语言，语言的风格有类似于 C 语言，现在被很多的网站编程人员广泛的运用。

PHP 独特的语法混合了 C、Java、Perl 以及 PHP 自创新的语法。它可以比 CGI 或者 Perl 更快速地执行动态网页。用 PHP 做出的动态页面与其他的编程语言相比，PHP 是将程序嵌入到 HTML 文档中去执行，执行效率比完全生成 HTML 标记的 CGI 要高许多；与同样是嵌入 HTML 文档的脚本语言 JavaScript 相比，PHP 在服务器端执行，成分利用了服务器的性能；PHP 执行引擎还会将用户经常访问的 PHP 程序驻留在内存中，其他用户再一次访问这个程序时就不需要重新编译程序了，只要直接执行内存中的代码就可以了，这也是 PHP 高效率的体现之一。PHP 具有非常强大的功能，所有的 CGI 或者 JavaScript 的功能 PHP 都能实现，而且支持几乎所有流行的数据库以及操作系统。

PHP 是全球最普及的互联网开发语言之一。根据 2013 年 Alexa 最新排名，前 50 个网站的前端开发语言、服务器及数据库环境如图 1.3 所示，从数据中可以看出 PHP 以 40%的份额占据了第一位，可见 PHP 的使用非常广泛。

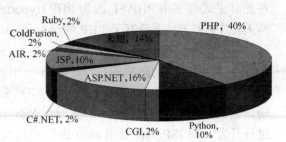

图 1.3　2013 年 Alexa 排名前 50 个
网站使用的前端开发语言比例

全球知名的互联网公司 Google、新浪、百度、腾讯、TOM、YouTube 等均是 PHP 技术应用的经典。表 1.1 中列举了一些国内外知名大型网站使用的开发语言。

表 1.1　　　　　　　　　　知名大型网站使用的开发语言

网站	程序语言	操作系统	数据库
Facebook	PHP	Linux+Apache	MySQL
GOOGLE	Python	集群	集群
YouTube	Python	集群	集群
Yahoo!	PHP	FreeBSD+Apache	集群
百度	PHP	Linux+Apache	集群
维基百科	PHP	Linux+Apache	MySQL
腾讯 qq	PHP	集群	集群
淘宝网	PHP	Linux	Oracle
新浪	PHP	Linux+Apache	MySQL

图 1.4　PHP 之父 Rasmus Lerdorf

在 1994 年，Rasmus Lerdorf（图 1.4）首次设计出了 PHP 程序设计语言。1995 年 6 月，Rasmus Lerdorf 在 Usenet 新闻组上发布了 PHP 1.0 声明。在这个早期版本中，提供了访客留言本、访客计数器等简单的功能；Rasmus Lerdorf 对其又进行了扩展，使其可以应用于 Web 表单还可以和数据库进行交互，就这样 PHP 的第一个版本"Personal Home Page/Forms Interpreter"（缩写 PHP/FI）。在这一版本中加入了可以处理更复杂的嵌入式标签语言的解析程序。这些强大的功能，使 PHP 的使用量猛增。据初步统计，在 1996 年年底，有 15000 个 Web 网站使用了 PHP/FI；而在 1997 年中期，这一数字超过了 5 万。自此奠定了 PHP 在动态网页开发上的影响力。在 1997 年，PHP 开发小组又加入了 Zeev Suraski

和 Andi Gutmans（这两个人与 Rasmus Lerdorf 并称为 PHP 的三位创始人）。Zeev Suraski 和 Andi Gutmans 两人重新写了 PHP 的解释器，形成了 PHP 的第三个版本 PHP3，也就是在此时正式名字由 PHP/FI 改为 PHP Hypertext Preprocessor 超文本预处理器。时隔一年，两人在 1998 年又重新写了 PHP 的核心代码，用了将近一年的时间，Zend 引擎在 1999 年诞生了。

在 PHP 诞生的随后的几年，Web 应用逐渐被广大用户认可。在这期间，也诞生了一些和 PHP 类似的 Web 开发语言，这其中最著名的要数 ASP 和 JSP（ASP 和 JSP 与 PHP 不同，它们本身并不是语言，而是一种 Web 开发技术，ASP 可以使用 JScript 或 VBScript 进行开发，而 JSP 只能使用 Java 进行开发）。随着这两种技术的诞生，PHP 正在受到两面夹击。然而 PHP 也不甘示弱，在经过不断完善后，终于在 2000 年 5 月推出了划时代的版本——PHP4。这个版本使用了 Zend （Zeev + Andi）引擎，2004 年 6 月，PHP 的发展到达了第二个里程碑。带有 Zend Engine II 的 PHP5 正式发布，PHP5 中开始支持面向对象特性，而且性能明显增强。

在 2014—2015 年期间，PHP7 正式发布了。PHP7 的主要的目标就是通过重构 Zend 引擎，使 PHP 的性能更加的优化，同时保留语言的兼容性。由于是对其引擎的重构，因此 PHP7 的引擎目前已是第三代 Zend Engine 3。

1.1.3 PHP 的优势

PHP 之所以应用广泛，受到大众的欢迎，是因为它具有很多突出的优势，具体如下。

1. 跨平台性，支持广泛的数据库

PHP 几乎支持所有的操作系统平台及数据库系统，能在 Windows 平台和 Linux 平台运行；可以操纵多种主流与非主流的数据库，如 Oracle、SQL Server、DB2 和 MySQL 等数据库。当然，PHP 与 MySQL 是目前最佳组合，使用得最多。

2. 开源免费

在流行的企业应用 LAMP 平台中，PHP、Linux、Apache、MySQL 都是免费软件，降低了企业架设成本。

3. 易学性

PHP 可嵌入在 HTML 语言中，以脚本语言为主，内置丰富函数，与 Java、C 等语言不同，语法简单、书写容易，方便学习掌握。目前有很多流行的 PHP 框架，如 CakePHP、Yii、ThinkPHP 等，大大降低了学习的难度。

4. 执行速度快

占用系统资源少，代码执行速度快。

1.1.4 PHP 的学习规划建议

PHP 学习线路图中的指引可以将学习 PHP 的过程分为 4 个阶段，一步步前行，为每个阶段设定一个学习目标，并安排好学习计划，达到目标后就可以开启下一阶段的学习。PHP 技术的学习路线如图 1.5 所示。

第一阶段是入门，这是刚刚接触 PHP 时的入门阶段，先要了解 PHP 的开发能力，并多接触一些用 PHP 开发过的开源项目，网上有很多开源的 PHP 项目可以下载，先学习一

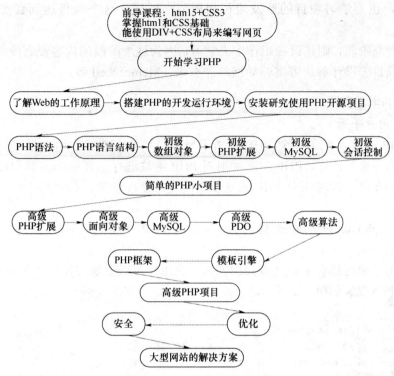

图 1.5　PHP 技术的学习路线

下简单功能操作即可,主要是能产生对 PHP 的学习兴趣,从中了解 PHP 的开发需求和 PHP 开发特点等。就像如果学习制造汽车或修理汽车,一定要先学会驾驶汽车一样。如果刚开始接触 Web 开发就直接学习 PHP 会力不从心,因为 PHP 是服务器端脚本,要安装 PHP 的运行环境去解析它。另外,PHP 是嵌入到 HTML 中的脚本语言,所以前导课程最好是掌握 HTML 标记。

　　第二阶段是学习的重点,也是打基础的阶段。学习 PHP 的基本语法和语言结构(流程控制、函数、字符串等),像数组、对象,以及文件件处理、图像处理、MySQL 数据库的操作、PHP 操作数据库等内容,先学一些常用的部分,会一些基本的应用就行,这样可以大大提高学习的进度。这个阶段的知识点有所了解以后,要做出一个小项目(例如模拟写个小型商城、论坛,或聊天室等),这个项目可以不管安全、优化及代码质量,只要能实现功能就行。这个项目的目的就是将学到的基础部分的零散知识点贯穿在一起,在实际项目中去应用实践,能更好地加深理解。

　　有了第二阶段的项目开发的练习后,积累了一些开发思路,就进入第三阶段——加强阶段。需要再回过头深度学习每部分知识点,如数组、对象、正则表达式、数据库操作、数据结构和算法等,这些内容是 PHP 开发中最常用的技术,这个阶段去学习可以学得更全、更透彻、更容易掌握。当然还要学习一些新的内容,像模板引擎和 PHP 框架,然后再做一个项目。而这个阶段的项目就不能像第二阶段时的项目,只是实现基本功能就行了,不仅要求代码质量要好,业务逻辑要清晰,项目的结构也要基于目前最流利的开发模式,使用框架和模板引擎技术,并采用面向对象的思想和 MVC 模式的设计要求，也要学习项目的开发流程和规范，尽量让这个项目达到真实上线的项目标准。

最后是提高阶段，则建议在工作中去学习，因为这个阶段的内容没有统一的标准，需要根据实际项目去设计解决方案。如网站静态化、Memcached 等。

1.1.5 PHP 的学习资源

1. PHP 用户手册

学习 PHP 语言，配备一个 PHP 参考手册是必要的，就像我们在学习汉字时手中必具一本《新华字典》一样。PHP 参考手册对 PHP 函数进行了详细的讲解和说明，并且还给出了简单的示例，同时还对 PHP 的安装与配置、语言参考、安全和特点等内容进行了介绍。

在 http：//php.net/manual/zh/提供了中文版的 PHP 在线用户手册，读者可以进行在线阅读，也可以下载。

PHP 参考手册还提供了快速查找的方法，让用户可以更加方便地查找到指定的函数。PHP 参考手册下载版如图 1.6 所示。

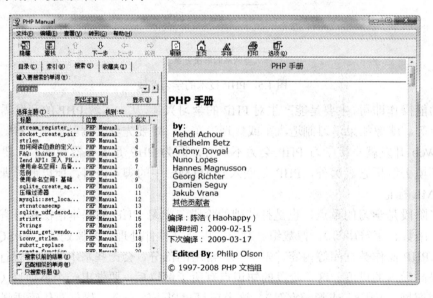

图 1.6　PHP 参考手册

2. PHP 网上资源

下面提供一些大型的 PHP 技术网上教程、论坛和社区的地址，这些资源可以提高 PHP 编程者的水平，也是程序员学习和工作的好帮手。

全球最大的中文 Web 技术教程网站 http：//www.w3school.com.cn/

菜鸟教程　　　　　　　　　　　http：//www.runoob.com/

PHP100　　　　　　　　　　　　http：//www.php100.com/

PHP 中文网　　　　　　　　　　http：//www.php.cn

任务 1.2　搭建 PHP 运行环境

在学习 PHP 和开发项目之前，首先需要搭建好项目的开发环境，包括 PHP 运行环境和 PHP 的开发环境。PHP 网站运行过程中涉及三个重要的组件：Apache、PHP 和 MySQL。搭建运行环境主要就是配置这三个软件。操作系统可以选择 Windows 或者 Linux。根据选择的操作系统不同，PHP 网站运行环境可简称为 WAMP 或者 LAMP。本节任务是完成 PHP 运行环境 "WAMP" 的搭建。Apache、PHP、MySQL 软件的标志图标如图 1.7 所示。

图 1.7　Apache、PHP、MySQL 软件的标志图标

1.2.1　Apache 服务器简介

Apache 是一个开源组织的名称，该组织开发了很多优秀的开源软件，其中就包括 Apache HTTP Server（简称 Apache）。Apache 一直是世界使用排名第一的 Web 服务器软件。它可以运行在几乎所有广泛使用的计算机平台上，由于其跨平台和安全性被广泛使用，Apache 取自 "a patchy server" 的读音，意思是充满补丁的服务器，因为它是自由软件，所以不断有人来为它开发新的功能、新的特性、修改原来的缺陷。Apache 的特点是简单、速度快、性能稳定，并可做代理服务器来使用。

1.2.2　MySQL 数据库简介

MySQL 是 Oracle 公司推出的一种多用户、多线程的关系型数据库。目前 MySQL 被广泛地应用在 Internet 上的中小型网站中，它的安全性和稳定性足以满足许多应用程序的要求，有着非常高的性价比。由于其体积小、速度快、总体拥有成本低，尤其是开放源码这一点，许多中小型网站为了降低网站总体成本而选择了 MySQL 作为网站数据库。

1.2.3　WAMP 环境搭建

通常情况下，初学者使用的都是 Windows 平台，在 Windows 平台上搭建 PHP 的运行环境，需要安装 Apache、PHP 和 MySQL 软件。安装的方式有集成安装和自定义安装两种。采用集成安装方式，就是使用几个软件的组合包进行安装，这种方式非常简单但不够灵活；自定义安装要对 Apache、PHP 和 MySQL 进行配置，这里将以集成安装为例，讲解如何搭建 PHP 的运行环境。

集成安装，就是将 Apache、PHP、MySQL 等服务器软件和工具安装配置完成后打包处理。开发人员只要将以配置的套件解压安装到本地硬盘即可使用，无须再另行配置。对于初学 PHP 网站的同学来说，建议使用集成安装搭建 PHP 的运行环境，虽然在灵活性上要差很多，但集成安装简单、速度快、运行稳定。

目前网上流行的组合包有十几种，如 AppServ、XAMPP、EasyPHP、WampServer 等。

安装基本都是大同小异。这里推荐使用 WampServer。下面列出了这些软件的官网地址，感兴趣的同学们可以下载试用。

AppServ　　　　　下载地址：http：//www.appservnetwork.com/en/

XAMPP　　　　　下载地址：https：//www.apachefriends.org/zh_cn/index.html

EasyPHP　　　　　下载地址：http：//www.easyphp.org/

WampServer　　　下载地址：http：//www.wampserver.com/

1. WampServer 的安装

应用 WampServer 集成安装包搭建 PHP 的开发环境的步骤如下：

（1）从官网下载 WampServer 到本机，下载完毕运行该安装程序，弹出安装向导窗口，如图 1.8 所示。在该窗口显示了 WampServer 将要安装的服务器程序和工具清单，如果同意安装就单击"Next"按钮。

（2）进入用户使用许可协议窗口，如图 1.9 所示，选中"I accept the agreement"，并单击"Next"按钮。

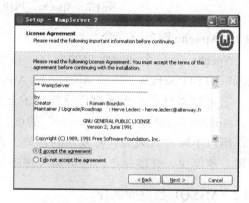

　　图 1.8　WampServer 的安装向导界面　　　　　图 1.9　WampServer 的安装协议

（3）转入服务器安装路径设置窗口如图 1.10 所示，设置本次服务器安装的路径，本教材将其安装在"C：\wamp"目录中。安装完毕后，单击"Next"按钮。

（4）进入附加设置窗口如图 1.11 所示，根据需要选择创建快速启动图标、桌面快捷方式。

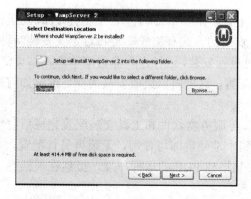
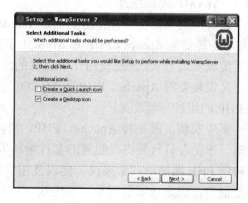

　　图 1.10　WampServer 的安装路径选择　　　　　图 1.11　WampServer 的附加设置

（5）设置完成后，单击"Next"按钮，进入安装设置确认界面如图 1.12 所示，如果确认前述设置无误，单击"Install"按钮，安装程序将启动。

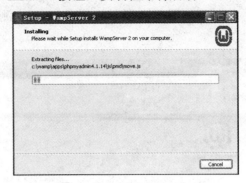

图 1.12 WampServer 的安装程序启动

（6）安装完毕后，安装向导要求设置 explorer 的位置，将其定位到"%windir%explorer.exe"即可。

（7）设置完电子邮箱后，安装即结束，在桌面上会添加快捷方式图标。如需运行，双击即可。WampServer 运行之后会在状态栏中添加一个小托盘，可以通过这个系统托盘来实现对服务器的控制。

2. WampServer 的启动

安装成功后，双击桌面的图标，如图 1.13 左侧图标所示，运行 WampServer，点击状态栏的托盘，依次选择 Language→Chinese，可以将 WampServer 的菜单改为中文，如图 1.13 右侧图所示。

图 1.13 WampServer 的图标和菜单

通过 WampServer 菜单可以实现对服务器的启动、停止控制。点击"启动所有服务",状态栏图标颜色由红色变为绿色,表明启动成功。打开浏览器,在地址栏中输入"http://localhost"或者"http://127.0.0.1",将打开如图 1.14 所示的 WampServer 测试页,说明 WampServer 启动成功。

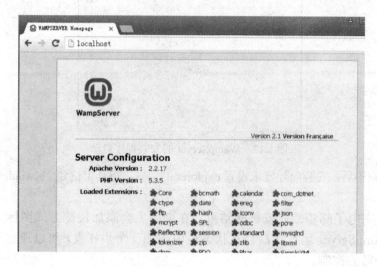

图 1.14　WampServer 的测试页

任务 1.3　部署开源项目 Discuz!

1.3.1　Discuz! 简介

Crossday Discuz! Board(简称 Discuz!)是北京康盛新创科技有限责任公司推出的一套通用的社区论坛软件系统。自 2001 年 6 月面世以来,Discuz! 已拥有 14 年以上的应用历史和 200 多万网站用户,是全球成熟度最高、覆盖率最大的论坛软件系统之一。用户可以在不需要任何编程的基础上,通过简单的设置和安装,在互联网上搭建起具备完善功能、强负载能力和可高度定制的论坛。Discuz! 的基础架构采用世界上最流行的 Web 编程组合 PHP+MySQL 实现,是一个经过完善设计,适用于各种服务器环境的高效论坛系统解决方案。目前最新版本是 Discuz! X3.2 正式版。

1.3.2　全新安装完整的 Discuz! X3

1. 下载 Discuz! X3 官方版到本地或者服务器上

首先到 http://www.comsenz.com/downloads ,如图 1.15 所示,下载最新的 Discuz! 软件,Discuz! 论坛程序有多个版本,包括中文简体、中文繁体、GB 版和 UTF-8 版。我们可以根据实际应用环境选择相应的版本。这里我们选择 UTF-8 版。下载的文件是 Discuz_X3.2_SC_UTF8.zip。

2. 解压 Discuz! X3 程序

将 Discuz_X3.2_SC_UTF8.zip 解压缩得到如图 1.16 所示的三个文件中。

图 1.15　Discuz! 官网下载页面

图 1.16　解压缩后的文件结构

upload 这个目录下面的所有文件是我们需要上传到服务器上的可用程序文件；readme 目录为产品介绍、授权、安装、升级、转换以及版本更新日志说明；utility 目录为论坛附带工具，包括升级程序。

这里的服务器是指你在互联网上的空间，如果没有，也可以用本机作为服务器来进行安装。下面只介绍在本机上安装 Discuz! 的方法。

3．拷贝 Discuz! X3 程序到服务器上

如果是在本机安装，在 WampServer 的默认根目录 C：\wamp\www 下新建 Discuz 目录，然后将 upload 文件夹的内容拷贝到 Discuz 目录。upload 文件夹的文件结构如图 1.17 所示。

4．安装 Discuz! X3

开始在浏览器中安装 Discuz! X3，在浏览器中运行 http：//localhost/discuz/install/开始

全新安装（其中 http：//localhost/discuz/install/为你的站点访问地址），如图 1.18 所示。

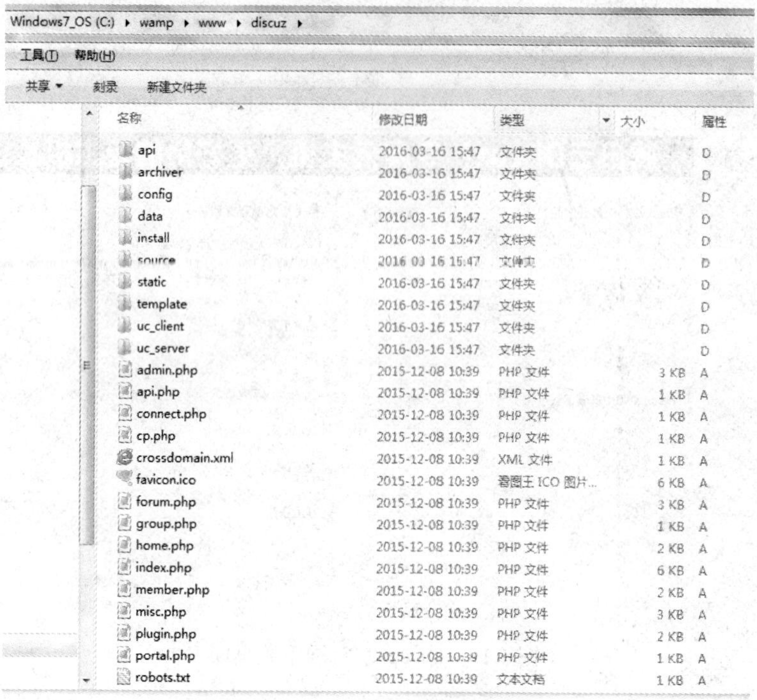

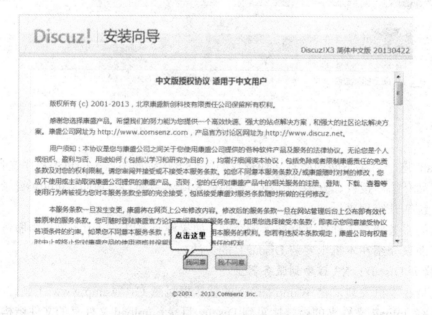

图 1.17 upload 文件夹的文件结构

图 1.18 Discuz!安装界面

阅读授权协议后点击"我同意"，系统会自动检查环境及文件目录权限，如图 1.19
所示。

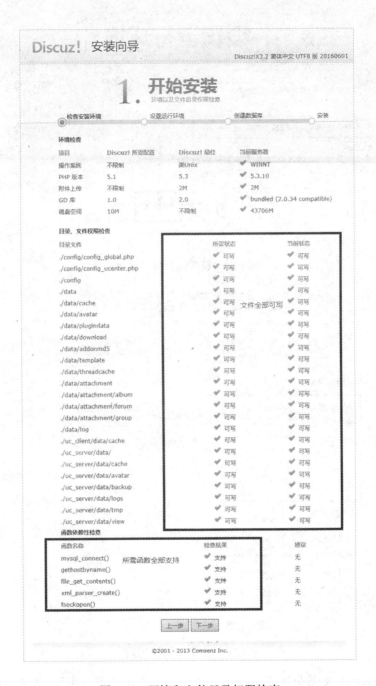

图 1.19 环境和文件目录权限检查

检测成功，点击"下一步"，即进入检测服务器环境以及设置 UCenter 界面，如图 1.20 所示。

选择"全新安装 Discuz! X（含 UCenter Server）"，这里以全新安装 Discuz! X 为例。点击"下一步"，进入安装数据库的界面，如图 1.21 所示。

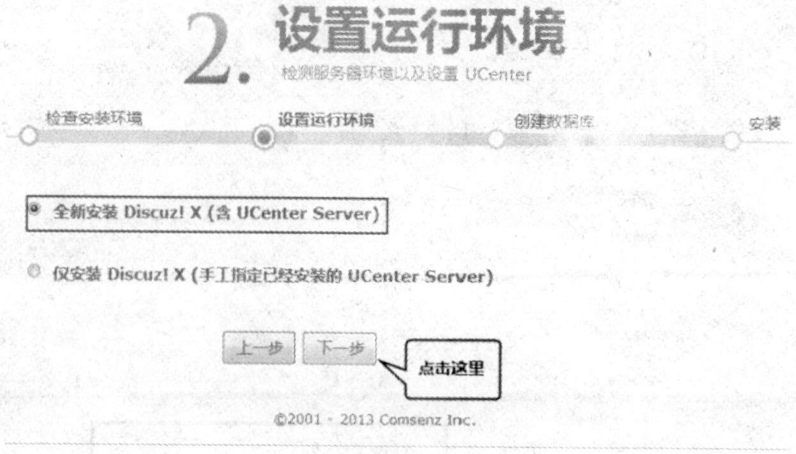

图 1.20　设置运行环境界面

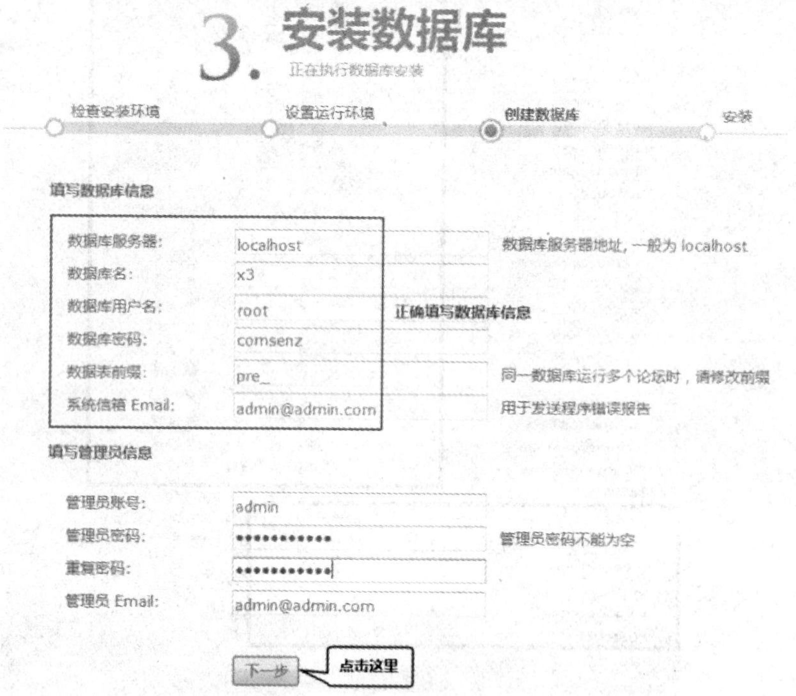

图 1.21　安装数据库的界面

　　填写好 Discuz! X 数据库信息及管理员信息。点击"下一步",系统会自动安装数据库直至完毕,如图 1.22 所示。

　　安装成功后,出现欢迎开通 Discuz! 云平台以及 Discuz! 应用中心的安装的界面,如图 1.23 所示。

　　如果想马上开启云平台,可以点击"开通 Discuz! 云平台",创始人登录站点后台,如图 1.24 所示。

图 1.22　安装数据库的过程

图 1.23　开通 Discuz! 云平台以及 Discuz! 应用中心的安装的界面

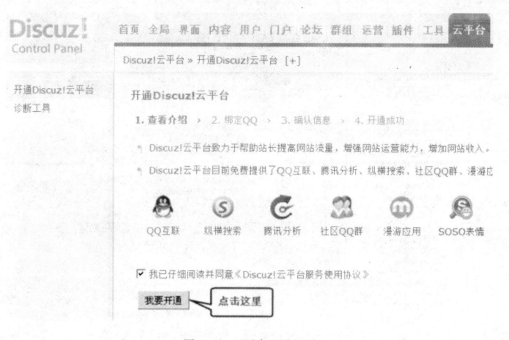

图 1.24　云平台开通界面

　　如果暂时不想开通 Discuz! 云平台，可以选择"暂不开通"。需要开通的时候，登录后台开通即可。如果您想马上安装 Discuz! 应用的话，可以点击"马上去装应用"，创始人登录站点后台，如图 1.25 所示。

图 1.25　Discuz! 应用中心界面

　　选择要安装的应用，安装即可。安装完毕后进入 Discuz! X 首页查看网站，如图 1.26 所示。至此，Discuz! X3 已经成功地安装完毕！可以登录 Discuz! X 站点并开始设置了。

图 1.26 安装好的论坛首页

1.3.3 拓展任务：部署开源项目 ECShop

ECShop 是一款 B2C 独立网店系统，适合企业及个人快速构建个性化网上商店。系统是基于 PHP 语言及 MySQL 数据库构架开发的跨平台开源程序，最新版本为 2.7.3。ECShop 网店系统在产品功能、稳定性、执行效率、负载能力、安全性和 SEO 支持（搜索引擎优化）等方面都居国内同类产品领先地位，成为国内最流行的购物系统之一。根据其官网显示，使用 ECShop 搭建网站的网站如图 1.27 所示。

图 1.27 ECShop 的客户列表

17

本节拓展任务，请在本地部署 ECShop，运行界面如图 1.28 所示。

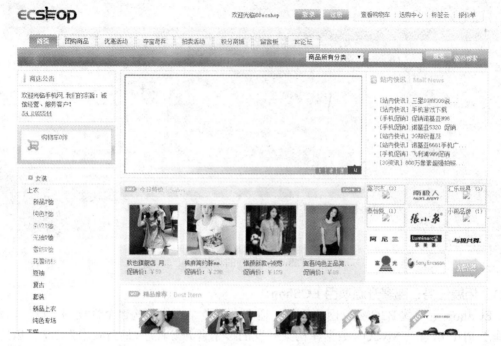

图 1.28　ECShop 的运行界面

课外小故事　　　　　　　Discuz！的创始人的故事

　　Discuz！的创始人是戴志康，2000 年高考考入哈尔滨工程大学通信工程专业，大学期间积累了大量宝贵的计算机软件开发技术和完整的产品、市场经验，拥有数项成果，在 Web 应用及 Browser/Server 开发领域拥有领先的个人技术和丰富的开发产品经验。大二下学期开始从事 Discuz！软件的开发工作，不到两年的时间成功地推出该款软件，使他从此开始创业。图 1.29 为学生时代的戴志康。

　　戴志康开发设计的自动生成社区的软件 Discuz!，开始是免费给人使用。2003 年 10 月，戴志康推出新版本，加入新的功能和技术，容纳能力是对手产品的好几倍，那些模版体系和数据结构到今天都成了别人学习这种语言的必修技术。从此以

图 1.29　学生时代的戴志康

后，Discuz！进入高速轨道，销售平均每个月增加 30%。2003 年收入几万，2004 年几十万，2005 年几百万。2005 年，Discuz！成为社区软件领域的老大。12 月，软件实施免费，向服务转型。

任务 1.4　搭建 PHP 开发环境

"工欲善其事。必先利其器。"随着 PHP 的发展，大量优秀的开发工具纷纷出现。找到一个适合自己的开发工具，不仅可以加快学习进度，而且能够在以后的开发过程中及时发现问题，少走弯路。下面介绍几款目前流行的开发工具。

1.4.1　Dreamweaver

1. Dreamweaver 的简介

Dreamweaver 是 Adobe 公司开发的 Web 站点和应用程序的专业开发工具。它将可视布局工具、应用程序开发功能和代码编辑组合在一起。其功能强大，使得各个层次的设计人员和开发人员都能美化网站及创建应用程序。从基于 CSS 设计的领先支持到手工编码，Dreamweaver 为专业人员提供了一个集成、高效的环境,这样开发人员可以使用 Dreamweaver 及所选择的服务器来创建功能强大的 Web 应用程序。本节主要讲解如何利用 Dreamweaver 建立站点及开发 PHP 程序。

2. Dreamweaver 的使用

在 Dreamweaver 中创建站点的操作步骤如下：

（1）选择站点→管理站点命令，弹出如图 1.30 所示的对话框。

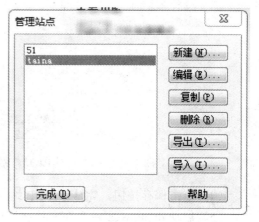

图 1.30　管理站点对话框

（2）点击新建，在弹出的"站点定义为***"窗口中，输入新站点名称，如 test，位置设置为本地文件夹 C：\wamp\www\test，如图 1.31 所示。

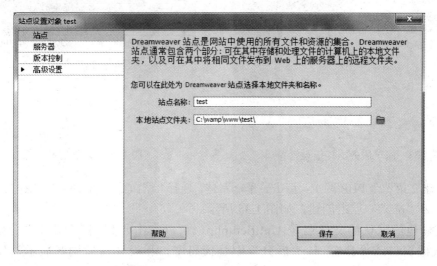

图 1.31　站点设置对象对话框

（3）建立 PHP 网页的测试服务器。

切换到"服务器"，点击"+"号，新建一个测试服务器，在基本标签页里，设置连接方法为"本地/网络"，服务器文件夹为 C：\www\test，web URL 设置为：http：//localhost/test/，如图 1.32 和图 1.33 所示。

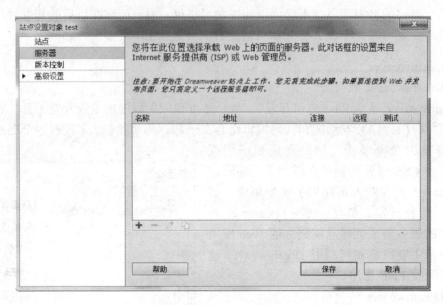

图 1.32　测试服务器设置窗口

（4）点击保存按钮，完成了 PHP 站点的定义。

（5）启动 dreamweaver，在右边将当前站点切换为 test 站点，如图 1.34 所示。

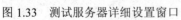

图 1.33　测试服务器详细设置窗口

图 1.34　站点切换面版

（6）建立第一个 PHP 网页，点击菜单→新建，选择"空白页"，文件类型选择为"html5"，页面类型为"php"，点击创建，如图 1.35 所示。

（7）新建的默认的文件名是 Untitled.php，可以点击"代码""设计"分别将页面切换到代码窗口或设计窗口，"拆分"则是代码窗口和设计窗口同时显示，如图 1.36 所示。

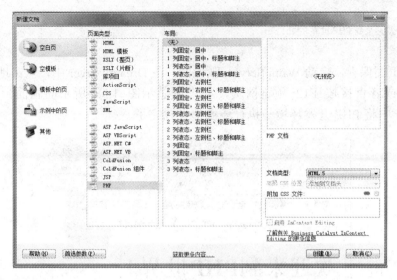

图 1.35　新建 PHP 页面窗口

图 1.36　新建页面的编辑窗口

（8）点击代码，进入网页的代码编辑状态。在代码试图下，在网页的<body></body>标签内输入以下代码，如图 1.37 所示。

图 1.37　第一个 PHP 页面的代码

```
<? php
echo "<h1>欢迎来到 PHP 世界！</h1>";
? >
```

（9）将页面保存，启动 WampServer 服务器，在 Dreamweaver 中，点击地球图标，选择浏览器，或者直接按 F12 预览网页，如果能显示图 1.38 所示的画面，说明已经在 dreamweaver 中将 PHP 开发环境与执行环境都设置完了。

图 1.38　第一个 PHP 页面的运行效果

1.4.2　NetBeans

1. NetBeans 的简介

NetBeans 是由 Sun 公司（2009 年被甲骨文收购）建立的开放源代码的软件开发工具，可以在 Solaris、Windows、Linux 和 Macintosh OS X 平台上进行开发。NetBeans 开发环境可供程序员编写、编译、调试和部署程序。虽然它是用 Java 编写的，但却可以支持任何编程语言。另外也有巨大数量的模块来扩展 NetBeans IDE，它是一个免费产品，不限制其使用形式。在其官网 https：//netbeans.org/上能自由下载各种版本，目前最新的 IDE 的版本是 NetBeans IDE8.1。

2. 在适用于 PHP 的 NetBeans IDE 中创建 PHP 项目

（1）启动 IDE，切换至"项目"窗口，然后选择"文件"→"新建项目"，打开"选择项目"面板。

（2）在"类别"列表中，选择"PHP"。

（3）在"项目"区域中，选择"PHP 应用程序"，然后单击"下一步"，将打开"新建 PHP 项目"的"名称和位置"面板，如图 1.39 所示。

（4）在"项目名称"文本字段中，输入 NewPHPProject。

（5）在"源文件夹"字段中，浏览到您的 PHP 文档根目录并在此处创建一个名为 New PHP Project 的子目录。Web 服务器会从文档根目录文件夹中查找要在浏览器中打开的文件。文档根目录是在 Web 服务器配置文件中指定的。例如，对于 WampServer，文档根目录为 C：\wamp\www。

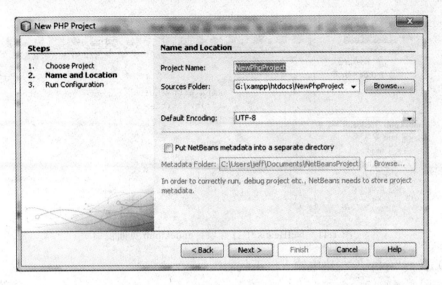

图 1.39 NetBeans 中新建项目窗口

（6）将所有其他字段保留为其缺省值。单击"下一步"，将打开"运行配置"窗口，如图 1.40 所示。

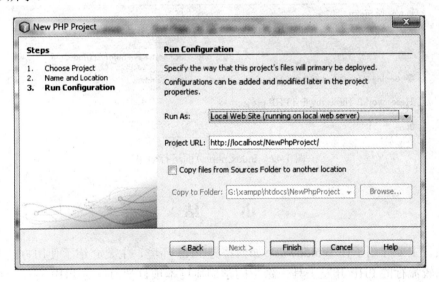

图 1.40 NetBeans 中新建项目运行配置窗口

（7）在"运行方式"下拉列表中，选择"本地 Web 站点"。该项目将在本地 Apache 服务器中运行。其他选项将通过 FTP 远程运行项目，以及在命令行中运行。

（8）将"项目 URL"保留为缺省值。

（9）单击"完成"。IDE 将创建该项目。

（10）在"项目"窗口中显示 New PHP Project 树型结构，在编辑器和"导航"窗口中打开该项目的 index.php 文件，如图 1.41 所示。

图 1.41　NetBeans 中打开项目 index.php 页面窗口

（11）在 <? php ? > 块中输入以下代码。

echo "Hello，world！This is my first PHP project！";

（12）要运行该项目，请将光标置于"NewPHPProject"节点上，然后从上下文菜单中选择"运行"。图 1.42 显示了应在浏览器窗口中看到的内容，如图 1.42 所示。

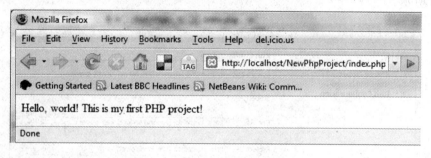

图 1.42　index.php 页面运行效果

小　　结

本项目主要介绍了在 Windows 下如何搭建 PHP 环境，主要介绍了使用方便的组合包和当前比较流行的 PHP 开发工具。希望同学们通过本项目学习，对 PHP 有一个初步的了解，选择适合自己的开发工具，并掌握如何部署主流的开源项目。

项目开发技术准备

【教学目标】

1. 了解 PHP 的标记风格、注释、关键字及标识符定义规则。
2. 熟悉常量和变量在程序中的定义、使用与区别。
3. 熟悉 PHP 中的数据类型分类、运算符与其优先级的运用。
4. 掌握选择结构语句、循环结构语句以及标签语法的使用。
5. 掌握函数、数组以及包含语句在开发中的使用。

【项目导航】

在项目 1 中我们了解了 PHP 的基本概念及运行环境的搭建。所谓千里之行,始于足下,掌握基本语法是学好 PHP 非常重要的一步。本项目通过设计完成相应的任务模块,学习掌握好 PHP 的基本知识,为后面的项目开发打下良好的基础。

任务 2.1　显示输出 Hello World!

在网页上输出文本"Hello World!"。

2.1.1　任务分析

由于 PHP 是一门嵌入式脚本语言,它经常嵌入到 HTML 代码中使用。

下面通过在 HTML 代码里嵌入 PHP 代码,在浏览器里输出"Hello World!",从而了解 PHP 标记、注释、输出语句的使用。

2.1.2　知识点分析

1. PHP 标记

PHP 脚本可以放在文档中的任何位置。PHP 是使用一对标记将 PHP 代码嵌入 html 代码中,PHP 一共支持 4 种标记风格,其中只有两种总是有效(<? php...? > 和 <script language="php">...</script>);另外两种可以在 php.ini 配置文件中开启或者关闭。下面一一介绍。

(1)标准标记——"<? php"和"? >"。

示例:

```
<? php
echo "好好学习,天天向上! ";
? >
```

"<? php"是开始标记。"? >"是结束标记。

文件是纯 PHP 代码时，可省略结束标记，且开始标记最好顶格书写。这是推荐使用的标记，服务器不能禁用，该标记在 XML、XHTML 中都可以使用。

（2）脚本标记——"<script language='php'>…</script>"。

```
<script language='php'>
echo "好好学习，天天向上！";
</script>
```

（3）短标记——"<? "和"? >"。

示例：

```
<?
echo "好好学习，天天向上！";
? >
```

短标记在使用时，需将 php.ini 文件中 short_open_tag 的值设置为 on。设置后需要重新启动 Apache 服务器。需要注意的是，为了保证程序的兼容性，不推荐使用这种标记。

（4）ASP 风格标记——"<%"和"%>"。

示例：

```
<%
echo "好好学习，天天向上！";
%>
```

ASP 风格标记在使用时，需将 php.ini 文件中 asp_tags 的值设置为 on。设置后需要重新启动 Apache 服务器。一般不推荐使用这种标记。

2. 输出语句

echo 是 PHP 中用于输出的语句，可将紧跟其后的字符串、变量、常量的值显示在页面中。

示例：

```
<? php echo '来吧小伙伴们...'.'现在开启 PHP 学习之旅！'; ? >
```

页面输出结果："来吧小伙伴们…现在开启 PHP 学习之旅！""."是字符串连接符，用于连接字符串、变量或常量。

在使用 echo 输出字符串时，还可以使用"，"连接两个字符串。

示例：

```
<? php echo '来吧小伙伴们...', '现在开启 PHP 学习之旅！'; ? >
```

页面输出结果："来吧小伙伴们…现在开启 PHP 学习之旅！"

3. 注释

在 PHP 开发中，经常需要对程序中的某些代码进行说明，这时可以使用注释来完成。注释可以理解为代码的解释，它是程序不可缺少的一部分，并且在解析时会被 PHP 解析器忽略。

（1）我们使用//来编写单行注释，具体示例如下：

```
1.  <? php
2.  echo "hello world"; //输出一句话
3.  ? >
```

上述代码中，"//输出一句话"就是一个单行注释，它以"//"开始，到该行结束或 PHP 标记结束之前的内容都是注释。

（2）使用"/*"和"*/"来编写大的注释块，具体示例如下：

```
1.  <? php
2.  /*
3.  This is
4.  a comment
5.  block
6.  */
7.  ? >
```

在上述代码中，"/*"和"*/"标记之间的内容为多行注释，多行注释以"#/"开始，以"*/"结束。

需要注意的是，多行注释可以嵌套单行注释，但是不能再嵌套多行注释。

（3）shell 风格的注释"#"，具体示例如下：

```
1.  <? php
2.  echo"hello world"; #输出一句话
3.  ? >
```

在上述代码中，"#输出一句话"就是一个 Shell 风格的注释，Shell 风格的注释以"#/"开始，到该行结束或 PHP 标记结束之前的内容都是注释。

2.1.3　实施步骤

（1）新建 PHP Web 页文件"HelloWorld.php"，自动生成代码如下示例：

```
1.  <html>
2.  <head>
3.  <meta charset="UTF-8">
4.  <title></title>
5.  </head>
6.  <body>
7.  <? php
8.  // put your code here
9.  ? >
10. </body>
11. </html>
```

（2）在编辑器输入如下代码，存盘。

```
1.  <? php
2.      echo "hello world！"; //输出一句话
3.  ? >
```

（3）运行"HelloWorld.php"文件，即可在浏览器中输出"Hello World!"，如图 2.1 所示。

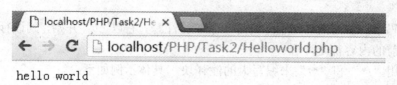

hello world

图 2.1　输出"Hello World!"运行效果

2.1.4　拓展任务：输出菱形

在浏览器中输出如图 2.2 所示图案。

图 2.2　输出菱形的运行效果

任务 2.2　成　绩　计　算

小明同学在本学期期末考试中，语文考了 90 分，数学考了 85 分，英语考了 75 分，请计算小明同学的总成绩和平均分。

2.2.1　任务分析

下面通过 PHP 中提供的变量、算术运算符以及赋值运算符等相关知识来实现 PHP 中的商品价格计算。

（1）使用 PHP 提供的变量保存语文成绩、数学成绩、英语成绩。

（2）将三门成绩相加计算出小明的总成绩。

（3）将小明的总成绩除以 3 即可计算出小明同学的平均成绩。

（4）最后在网页中显示小明同学的各门功课成绩以及总分和平均分。

2.2.2　知识点分析

1. 变量

（1）标识符。在网站开发过程中，经常需要在程序中定义一些符号来标记一些名称，如类名、方法名、函数名、变量名等，这些符号被称为标识符。

在 PHP 中，定义标识符要遵循一定的规则，具体如下：

1）标识符只能由字母、数字和下划线组成。

2）标识符可以由一个或多个字符组成，必须以字母或下划线开头。

3）当标识符用作变量名时，区分大小写。

若标识符由多个单词组成，那么应使用下划线进行分割，如 user_name。

举例说明：

合法标识符：itcast、itcast88、_itcast、username、password 等。

非法标识符：66itcast、it cast、123、@itcast 等。

（2）关键字。关键字是编程语言里事先定义好并赋予了特殊含义的单词，也称作保留字。如 class 关键字用于定义类，echo 用于输出数据，function 用于定义函数。PHP5 中所有的关键字见表 2.1。

表 2.1   PHP5 中所有的关键字

and	or	Xor	__FILE__	exception
__LINE__	array()	As	break	case
class	const	continue	declare	default
die()	do	echo	else	elseif
empty()	enddeclare	endfor	endforeach	endif
endswitch	endwhile	eval()	exit()	extends
for	foreach	function	global	if
include	include_once	isset()	list()	new
print	require	require_once	return	static
switch	unset()	use	var	while
__FUNCTION__	__CLASS__	__METHOD__	final	php_user_filter
interface	implements	extends	public	private
protected	abstract	clone	try	catch
throw	this			

在使用上面列举的关键字时，需要注意以下两个地方：

1）关键字不能作为常量、函数名或类名使用。

2）关键字虽然可作为变量名使用，但是容易导致混淆，不建议使用。

（3）变量。变量的概念：变量就是保存可变数据的容器。变量用于存储值，比如数字、文本字符串或数组。一旦设置了某个变量，我们就可以在脚本中重复地使用它。

变量的命名：PHP 中的所有变量都是以$符号开始的，变量是由$符号和变量名组成的，其中变量名的命名规则与标识符相同。PHP 的入门者往往会忘记在变量的前面的$符号。如果那样做的话，变量将是无效的。

例如：

合法变量：$test、$_test、$age、$_name。

非法变量：$123、$*math、$@u、$6_it。

在 PHP 中设置变量的正确方法是：

$var_name = value;

让我们试着创建一个存有字符串的变量和一个存有数值的变量。

1. <? php
2. $txt = "Hello World！";
3. $number = 16;
4. ? >

此外 PHP 是一门松散类型的语言（Loosely Typed Language），在 PHP 中，不需要在设置变量之前声明该变量。

在上面的例子中，我们也看到了，不必向 PHP 声明该变量的数据类型。根据变量被设置的方式，PHP 会自动地把变量转换为正确的数据类型。在 PHP 中，变量会在使用时被自动声明。在强类型的编程语言中，必须在使用前声明变量的类型和名称。

2. 常量

常量的概念：常量是指在脚本运行过程中值始终保存不变的量。

它的特点是一旦被定义就不能被修改或重新定义。

例如：数学中常用的圆周率 π 就是一个常量，其值就是固定且不能被改变的。

PHP 中通常使用 define( )函数或 const 关键字来定义常量。

（1）define( )函数。

示例：

1. define（'CON', 'itcast', true）;
2. echo CON;

define( )函数的第一个参数表示常量的名称，第二个参数表示常量值，第三个参数表示常量对大小写是否敏感（默认值为 false）。当为 true 时表示不敏感，如在上述实例中输出值都是 itcast。

（2）const 关键字。

示例：

1. const pai=3.14;
2. echo pai;

使用 const 关键字定义了一个名为 pai，值为 3.14 的常量。

3. 算术运算符

在数学运算中最常见的就是加减乘除运算，也被称为四则运算。PHP 中的算术运算符就是用来处理四则运算的符号，这是最简单、最常用的运算符号。算术运算符及范例见表 2.2。

表 2.2 算术运算符及范例

运算符	说　明	例子	结果
+	加	x=2 x+2	4
−	减	x=2 5−x	3
*	乘	x=4 x*5	20

续表

运算符	说　明	例子	结果
/	除	15/5 5/2	3 2.5
%	取模 （即算术中的求余数）	5%2 10%8 10%2	1 2 0
++	自增	x=5 x++	x=6
——	自减	x=5 x——	x=4

在实际应用过程中还需要注意以下两点：

（1）四则混合运算时，运算顺序要遵循数学中"先乘除后加减"的原则。

（2）在进行取模运算时，运算结果的正负取决于被模数（%左边的数）的符号，与模数（%右边的数）的符号无关。

如（–8）%7 = –1，而 8%（–7）= 1。

4. 赋值运算符

赋值运算符是一个二元运算符，即它有两个操作数。总是把基本赋值运算符（=）右边的值赋给左边的变量或常量。

"="表示赋值运算符，而非数学意义上的相等的关系。赋值运算符及范例见表2.3。

表 2.3　　　　　　　　　　　赋 值 运 算 符 及 范 例

运算符	说明	例子	运算符	说明	例子
=	x=y	x=y	/=	x/=y	x=x/y
+=	x+=y	x=x+y	.=	x.=y	x=x.y
– =	x– =y	x=x–y	%=	x%=y	x=x%y
*=	x*=y	x=x*y			

2.2.3　实施步骤

（1）新建 PHP Web 页文件"score.php"，自动生成代码如下所示。

```
1.    <html>
2.      <head>
3.        <meta charset="UTF-8">
4.        <title></title>
5.      </head>
6.      <body>
7.        <? php
8.        // put your code here
9.        ? >
10.     </body>
11.   </html>
```

（2）使用$lang、$math、$eng 三个变量，分别存放小明的语文成绩、数学成绩、英语成绩。

```
$lang=90;
$math=80;
$eng=70;
```

（3）使用算术运算符计算总分和平均分。

```
$sum=$lang+$math+$eng          //各科成绩相加求出总分
$aver=$sum/3;                  //总分除以科目数求出平均分
```

（4）使用 echo 语句输出各门功课成绩以及总分和平均分。

```
echo "语文："."$lang."<br>";    //.为 php 字符串连接符
echo "数学："."$math."<br>";
echo "英语："."$eng."<br>";
echo "总分："."$sum."<br>";
echo "平均分："."$aver."<br>";
```

（5）最终的完整代码如下所示：

```
1.   <? php
2.   $lang=90;
3.   $math=80;
4.   $eng=70;
5.   $sum=$lang+$math+$eng;        //各科成绩相加求出总分
6.   $aver=$sum/3;                 //总分除以科目数求出平均分
7.   echo "语文："."$lang."<br>";   //为 php 字符串连接符
8.   echo "数学："."$math."<br>";
9.   echo "英语："."$eng."<br>";
10.  echo "总分："."$sum."<br>";
11.  echo "平均分："."$aver."<br>";
12.  ? >
```

（6）运行"score.php"文件，输出结果如图 2.3 所示。

图 2.3 成绩计算任务的运行效果

2.2.4 拓展任务：温度转换

编程完成华氏温度转化为摄氏温度，已知华氏温度转换为摄氏温度的公式如下：

$$C=（F-32）\times 5/9$$

式中：C 为摄氏温度；F 为华氏温度。

编程实现将任意输入的华氏温度值转换成摄氏温度值输出，运行效果如图 2.4 所示。

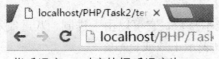

华氏温度120对应的摄氏温度为48.88

图 2.4　温度转换的运行效果图

任务 2.3　成 绩 等 级 判 断

假设学生成绩范围在 0～100 分之间，规定 90～100 分之间的分数为优秀等级，80～89 分之间的分数为良好等级，70～79 分之间的分数为中等等级，60～69 分之间的分数为及格等级，0～59 分之间的分数为不及格等级。那么如何通过一个给定的学生分数来判断其成绩等级呢？

2.3.1　任务分析

我们将通过 PHP 中提供的数据类型、比较运算符、逻辑运算符以及选择结构语句等相关知识来实现学生成绩等级的判断。

（1）定义两个变量，用于保存给定的学生姓名与分数。

（2）判断给定的学生分数是否为一个合格的分数值。

（3）按照成绩等级划分规定，使用 if…else 条件判断语句判断该学生的成绩等级。

（4）以友好格式显示学生信息以及成绩等级判断结果。

2.3.2　知识点分析

1. 数据类型

在网站开发的过程中，经常需要操作数据，而每个数据都有其对应的类型。PHP 中支持 3 种数据类型，分别为标量数据类型、复合数据类型及特殊数据类型，PHP 中所有的数据类型如图 2.5 所示。

PHP 中变量的数据类型通常不是开发人员设定的，而是根据该变量使用的上下文在运行时决定的。

复合数据类型及特殊数据类型将会在接下来的章节中详细讲解。下面对标量数据类型进行详细的介绍：

（1）布尔型。布尔型是 PHP 中较常用的数据类型之一，通常用于逻辑判断，它只有 true 和 false 两个值，表示事物的"真"和"假"，并且不区分大小写。

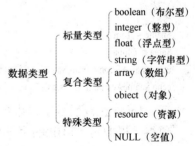

图 2.5　PHP 的数据类型

示例：

```
$flag1 = true;        //将 true 赋值给变量$flag1
$flag2 = false;       //将 false 赋值为变量$flag2
```

需要注意的是，在特殊情况下其他数据类型也可以表示布尔值，比如 0 表示 false，1 表示 true。

（2）整型。整型用来表示整数，它可以由十进制、八进制和十六进制指定，且前面加上 "+" 或 "−" 符号，可以表示正数或负数。

1）八进制数使用 0～7 表示，且数字前必须加上 0。

2）十六进制数使用 0～9 与 A～F 表示，数字前必须加上 0x。

示例：

```
$octonary = 073;          //八进制数
$decimal = 59;            //十进制数
$sexadecimal = 0x3b;      //十六进制数
```

八进制和十六进制表示的都是十进制数值 59。

若给定数值大于系统环境的整型数据类型所能表示的最大范围，会发生数据溢出，导致程序出现问题。如：32 位系统的取值范围是：$-2^{31} \sim 2^{31}-1$。

（3）浮点型。浮点型可以保存浮点数或整数，浮点数是程序中表示小数的一种方法，也可以是整数，在 PHP 中，通常有两种方式表示浮点数：标准格式和科学计数法格式。

示例：

```
$fnum1 = 1.759;          //标准格式
$fnum2 = -4.382;         //标准格式
$fnum3 = 3.14E5;         //科学计数法格式
$fnum4 = 7.469E-3;       //科学计数法格式
```

不管采用哪种格式表示，浮点数的有效位数都是 14 位。

有效位数就是从最左边第一个不为 0 的数开始，直到末尾数的个数，且不包括小数点。

（4）字符串型。字符串是由连续的字母、数字或字符组成的字符序列。在 PHP 中，通常使用单引号或双引号表示字符串。

示例：

```
$name = 'Tom';
$area = 'China';
echo $name." come from $area";  //输出结果为：Tom come from China
echo $name.' come from $area';  //输出结果为：Tom come from $area
```

变量 $area 在双引号字符串中被解析为 China，而在单引号字符串中原样输出。

值得一提的是，PHP 的字符串中可以使用转义字符。

例如：在双引号字符串中使用双引号时，可以使用 "\" 来表示。双引号字符串还支持换行符 "\n"、制表符 "\t" 等转义字符的使用。而单引号字符串只支持 "'" 和 "\" 的转义。

2．比较运算符

比较运算符用来对两个变量或表达式进行比较，其结果是一个布尔类型的 true 或 false。比较运算符及范例见表 2.4。

表 2.4　　　　　　　　　　　　　比 较 运 算 符 及 范 例

运算符	说明	例子（$x=5$）
==	等于	5==8 returns false
! =	不等于1	5! =8 returns true
<>	不等于	$x <> 4 returns true
===	恒等	$x === 5 returns true
! ==	不恒等	$x ! == '5' returns true
>	大于	5>8 returns false
<	小于	5<8 returns true
>=	大于或等于	5>=8 returns false
<=	小于或等于	5<=8 returns true

在实际开发中还需要注意以下两点：

（1）对于两个数据类型不相同的数据进行比较时，PHP 会自动的将其转换成相同类型的数据后再进行比较，如 3 与 3.14 进行比较时，首先会将 3 转换成浮点型 3.0，然后再与 3.14 进行比较。

（2）运算符"==="与"! =="在进行比较时，不仅要比较数值是否相等，还要比较其数据类型是否相等。而"=="和"! ="运算符在比较时，只比较其值是否相等。

3. 逻辑运算符

逻辑运算符就是在程序开发中用于逻辑判断的符号，其返回值类型是布尔类型。逻辑运算符及范例见表 2.5。

表 2.5　　　　　　　　　　　　　逻 辑 运 算 符 及 范 例

运算符	名称	例子	结　　果
and	与	$x and $y	如果 $x 和 $y 都为 true，则返回 true。
or	或	$x or $y	如果 $x 和 $y 至少有一个为 true，则返回 true。
xor	异或	$x xor $y	如果 $x 和 $y 有且仅有一个为 true，则返回 true。
&&	与	$x && $y	如果 $x 和 $y 都为 true，则返回 true。
||	或	$x || $y	如果 $x 和 $y 至少有一个为 true，则返回 true。
!	非	! $x	如果 $x 不为 true，则返回 true。

虽然"&&""||"与"and""or"的功能相同，但是前者比后者优先级别高。对于"与"操作和"或"操作，在实际开发中需要注意以下两点：

（1）当使用"&&"连接两个表达式时，如果左边表达式的值为 false，则右边的表达式不会执行。

（2）当使用"||"连接两个表达式时，如果左边表达式的值为 true，则右边的表达式不会执行。

4．分支结构语句

在编写代码时，经常会希望为不同的决定执行不同的动作，可以在代码中使用条件语句来实现这一点。所谓条件语句，就是对语句中的条件进行判断，进而通过不同的判断结果执行不同的语句。PHP 中常用的选择结构语句有 if、if...else、if...elseif...else 和 switch 语句。

（1）if。if 语句用于在指定条件为 true 时执行代码。

语法：

```
if （条件） ｛
 当条件为 true 时执行的代码；
 ｝
```

下例将输出"Have a good day！"，如果当前时间（HOUR）小于 20。

实例：

```
1. <? php
2. $t=date（"H"）;
3. if （$t<"20"） {
4. echo "Have a good day！ ";
5. }
6. ? >
```

（2）if...else 语句。if...else 语句在条件为 true 时执行代码，在条件为 false 时执行另一段代码。

语法：

```
if（条件）{
 条件为 true 时执行的代码；
 } else {
 条件为 false 时执行的代码；
 }
```

下例将输出"Have a good day！"，如果当前时间 （HOUR）小于 20，否则输出"Have a good night！"。

实例：

```
1. <? php
2. $t=date（"H"）;
3. if （$t<"20"） {
4. echo "Have a good day！ ";
5. } else {
6. echo "Have a good night！ ";
7. }
8. ? >
```

（3）if...elseif...else。if...elseif...else 语句来选择若干代码块之一来执行。

语法：

```
if（条件）{
条件为 true 时执行的代码；
} elseif（condition）{
条件为 true 时执行的代码；
} else {
条件为 false 时执行的代码；
}
```

下例将输出"Have a good morning！"，如果当前时间大于 10、小于 20，则输出"Have a good day！"。否则将输出"Have a good night！"。

实例：

1. `<? php`
2. `$t=date（"H"）；`
3. `if（$t<"10"）{`
4. `echo "Have a good morning！"；`
5. `} elseif（$t<"20"）{`
6. `echo "Have a good day！"；`
7. `} else {`
8. `echo "Have a good night！"；`
9. `}`
10. `? >`

（4）switch。switch 语句用于基于不同条件执行不同动作。如果希望有选择地执行若干代码块之一，请使用 Switch 语句。使用 Switch 语句可以避免冗长的 if..elseif..else 代码块。

语法：

```
switch（expression）
{
case label1：
 code to be executed if expression = label1；
 break；
case label2：
 code to be executed if expression = label2；
 break；
default：
 code to be executed
 if expression is different
 from both label1 and label2；
}
```

工作原理：

1）对表达式（通常是变量）进行一次计算。

2）把表达式的值与结构中 case 的值进行比较。

3）如果存在匹配，则执行与 case 关联的代码。

4）代码执行后，break 语句阻止代码跳入下一个 case 中继续执行。

5）如果没有 case 为真，则使用 default 语句。

实例：

```
1.   <? php
2.   switch （$x）
3.   {
4.   case 1:
5.   echo "Number 1";
6.   break;
7.   case 2:
8.   echo "Number 2";
9.   break;
10.  case 3:
11.  echo "Number 3";
12.  break;
13.  default:
14.  echo "No number between 1 and 3";
15.  }
16.  ? >
17.  </body>
18.  </html>
```

2.3.3　实施步骤

（1）新建一 PHP Web 页文件"grade.php"。

（2）定义三个变量分别保存学生的名字、百分制成绩和等级成绩。

```
1.   //定义变量$name 保存学生的名字
2.   $name = '小明';
3.   //定义变量$score 保存学生的分数
4.   $score = 78;
5.   //定义变量$grade 保存判断结果
6.   $grade = '';
```

（3）使用 if 条件语句对百分制成绩进行判断，执行不同的分支，转化为相应的等级成绩。

```
1.   //判断$score 是否为一个有效数值
2.   if（is_int（$score） || is_float（$score）) {
3.       //根据分数所在区间，显示相应的得分等级。
4.       if（$score >=90 && $score <=100) {
5.           $str = '优秀';
6.       }elseif（$score >=80 && $score <90) {
7.           $str = '良好';
8.       }elseif（$score >=70 && $score <80) {
9.           $str = '中等';
10.      }elseif（$score >=60 && $score <70) {
```

11.　　　　$str = '及格';
12.　　　}elseif（$score >=0 && $score <60）{
13.　　　　$str = '不及格';
14.　　　}else{
15.　　　　$str = '学生成绩范围必须在 0～100 之间！';
16.　　　}
17.　　}else{
18.　　　$str = '输入的学生成绩不是数值！';
19.　　}

（4）使用 echo 语句输出学生的姓名、百分制成绩和等级成绩。

echo "<h2>学生成绩等级</h2><p>学生姓名: ".$name."<p>学生分数: ".$score."分<p>成绩等级: ".$str;

（5）运行"grade.php"文件，输出结果如图 2.6 所示。

2.3.4　拓展任务：判断闰年

判断用户给定的年份是否为闰年？判断闰年的标准是：①能整除 4 且不能整除 100；②能整除 400。运行效果如图 2.7 所示。

图 2.6　成绩等级判断任务的运行效果　　　　图 2.7　判断是否为闰年运行效果图

任务 2.4　头 像 列 表 输 出

images 目录下有若干头像图片，头像图片的文件分别为 1.jpg、2.jpg、3.jpg、…，编程实现将目录下的所有头像图片输出。

2.4.1　任务分析

我们可以通过

echo "<img scr=1.jpg>";
echo "<img scr=2.jpg>";
…

来依次输出头像图片，但这样写起来很繁琐，每输出一个头像文件，就要写一 echo 语句。

通过观察，我们发现头像图片的文件名很有规律，下一头像的文件基本名比前一头像的基本名大 1，我们可以根据这个规律，使用循环语句来输出 images 目录下有所有头像图片。

2.4.2　知识点分析

在我们编写代码时，经常需要反复运行同一代码块。我们可以使用循环来执行这样的任务，而不是在脚本中添加若干几乎相等的代码行。

在 PHP 中，我们有以下循环语句：

（1）while：只要指定条件为真，则循环代码块。

（2）do...while：先执行一次代码块，然后只要指定条件为真则重复循环。

（3）for：循环代码块指定次数。

（4）foreach：遍历数组中的每个元素并循环代码块。

1.　while 循环语句

所谓循环语句，就是可以实现一段代码重复执行。而 while 循环语句，就是根据循环条件来判断是否重复执行这一段代码。

语法：

```
while（循环条件）{
    执行语句
    ......
}
```

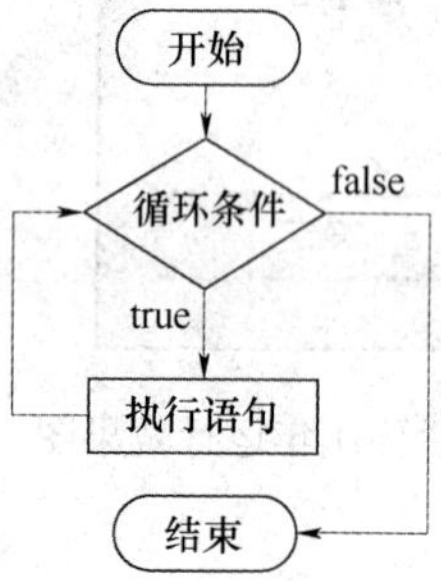

图 2.8　while 语句的程序流程图

while 循环执行流程如图 2.8 所示。

（1）{}"中的执行语句称为循环体。

（2）当循环条件为 true 时，则执行循环体。

（3）当循环条件为 false 时，结束整个循环。

（4）当循环条件永远为 true 时，会出现死循环。

while 循环语句除了上述形式外，还有 do...while 形式，虽然两者的功能类似，但是当循环条件为 false 的情况下，while 语句会结束循环，而 do...while 语句依然会再执行一次。

语法：

```
do{
    执行语句
    ......
}while（循环条件）;
```

（1）执行 do 后面"{}"中的循环体。

（2）再判断循环条件，当循环条件为 true 时，继续执行循环体。

（3）当循环条件为 false 时，结束本次循环。

Do-while 循环执行流程如图 2.9 所示。

2. for 循环语句

PHP 中的循环语句除以上章节提到的 while 循环语句外，还有 for 循环。

语法：

```
for（表达式 1； 表达式 2； 表达式 3）{
    执行语句
    ...
}
```

（1）表达式 1 用于初始化。

（2）表达式 2 用于判断循环条件。

（3）表达式 3 用于改变表达式 1 的值。

for 循环执行流程如图 2.10 所示。

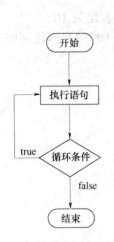

图 2.9　Do-while 语句的程序流程图

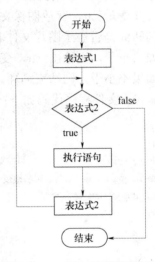

图 2.10　for 语句的程序流程图

3. 跳转语句

跳转语句用于实现循环执行过程中程序流程的跳转，PHP 中常用的跳转语句有 break 语句和 continue 语句，它们的区别在于 break 语句是终止当前循环，跳出循环体；而 continue 语句是结束本次循环的执行，开始下一轮循环的执行操作。

示例：

```
1.  $sum = 0;                        //用于保存 1~100 内的奇数和
2.  for（$i = 1; $i<= 100;  ++$i）{
3.  if（$i % 2 == 0）{              //若为偶数，则不累加
4.  continue;                        //结束本次循环
5.  }
6.  $sum += $i;                      //累加奇数
7.  }
8.  echo '$sum = '.$sum;
```

使用 continue 结束本次循环，当为偶数时，$i 不进行累加，当为奇数时，对 $i 的值进

行累加，最终输出的结果为 2500。

若将示例中的 continue 修改为 break，则当$i 递增到 2 时，该循环终止执行，最终输出的结果为 1。

break 语句除了上述作用外，还可以指定跳出几重循环。

语法：

break n;

参数 n 表示要跳出的循环数量，在多层循环嵌套中，可使用其跳出多重循环。

2.4.3 实施步骤

（1）新建 PHP Web 页文件"images.php"。

（2）定义变量$i，初始值设为 1。

（3）定义变量$str，存放图像文件名。

（4）判断$i 是否小于图片文件名的最大值（本程序中假定为 10）。

（5）如果小于，则输出$str，变量$i 的值加 1，返回步骤（3）继续判断。

（6）如果不小于，则结束循环。

images.php 文件程序代码如下：

```php
1.  <? php
2.  $i=1;
3.  while（$i<=10）
4.  {$str=$i.".jpg"; //基本名与后缀名链接
5.  echo "<img src=images/$str>"."  ";
6.  $i++;
7.  }
8.  ? >
```

输出头像的运行效果如图 2.11 所示。

图 2.11 输出头像的运行效果图

2.4.4 拓展任务：输出头像并进行换行

每输出 5 个头像就换行输出，运行效果如图 2.12 所示。

图 2.12 输出头像并进行换行的运行效果图

任务 2.5 下拉列表输出成绩等级

根据定义好的 php 数组动态生成一个 html 的下拉列表（select）。

2.5.1 任务分析

首先将等级成绩存放在一个数组中，然后通过 foreach( )语句遍历数组，将数组元素的值一一取出，填入下拉列表的 option 中。

2.5.2 知识点分析

1. 数组

（1）数组的概念。在 PHP 中，数组是一个可以存储一组或一系列数据的变量，而数组中的数据称之为数组元素。

（2）数组的组成。由于数组是有数组元素组成的，而数组中的元素又分为两部分，分别为键和值。

1）"键"是数组元素的识别名称，也被称为数组下标。

2）"值"为数组元素的内容。

3）"键"和值之间使用"=>"连接。

4）数组各个元素之间使用逗号","分割。

5）最后一个元素后面的逗号可以省略。

（3）数组的分类。PHP 中的数组根据下标的数据类型，可分为索引数组和关联数组。

1）索引数组是指下标为整型的数组，默认下标从 0 开始，也可自己指定。

2）关联数组是指下标为字符串的数组。

（4）数组的定义。在使用数组前，首先需要定义数组，PHP 中通常使用如下两种方式定义数组，分别为使用赋值方式定义数组和使用 array( )函数定义数组。

赋值方式定义数组就是创建一个数组变量，然后使用赋值运算符直接给变量赋值。

示例：

```
$arr[] = 'PHP';              //存储结果：$arr[0] = 'PHP'
$arr[] = 'Java';             //存储结果：$arr[1] = 'Java'
$arr[3] = 'C 语言';          //存储结果：$arr[3] = 'C 语言'
$arr[5] = 'C++';            //存储结果：$arr[5] = 'C++'
$arr['sub'] = 'IOS';         //存储结果：$arr['sub'] = 'IOS'
$arr[] = '网页平面';         //存储结果：$arr[6] = '网页平面'
```

1）当不指定数组的"键"时，默认"键"从"0"开始，依次递增。

2）当其前面有用户自己指定索引时，PHP 会自动地将前面最大的整数下标加 1，作为该元素的下标。

array( )函数定义数组就是将数组的元素作为参数，各元素间使用逗号","分割。

示例：

```
$info = array（'id'=>1，'name'=>'Tom'）;
```

```
$fruit = array（1=>'apple', 3=>'pear'）;
$num = array（1, 4, 7, 9）;
$mix = array（'tel'=>110, 'help', 3=>'msg'）;
```

在定义数组时，需要注意以下几点：

1）数组元素的下标只有整型和字符串两种类型，如果有其他类型，则会进行类型转换。

2）在 PHP 中合法的整数值下标会被自动的转换为整型下标。

3）若数组存在相同的下标时，后面的元素值会覆盖前面的元素值。

（5）数组的访问。由于数组中的元素是由键和值组成的，而键又是数组元素的唯一标识，因此可以使用数组元素的键来获取该元素的值。

示例：

```
$info = array（'id'=>1, 'name'=>'Tom'）;
echo $info['name'];                    //输出结果：Tom
```

但若想要查看数组中的所有元素，使用以上方式会很繁琐，为此，PHP 提供了 print_r（）和 var_dump（）函数，专门用于输出数组中的所有元素。

示例：

```
$info = array（'id'=>1, 'name'=>'Tom'）;
print_r（$info）;                       //输出结果：Array（[id] => 1 [name] => Tom）
var_dump（$info）;                      //输出结果：array（2）{ ["id"]=> int（1）["name"]=> string（3）"Tom" }
```

print_r（）函数可以按照一定的格式显示数组的键和值。

var_dump（）函数不仅具有 print_r（）函数的功能，还可以获取数组中元素的个数和数据类型。

（6）删除数组。PHP 中提供的 unset（）函数既可以删除数组中的某个元素，又可以删除整个数组。

示例：

```
$fruit = array（'apple', 'pear'）;
unset（$fruit[1]）;
print_r（$fruit）;                      //输出结果：Array（[0] => apple）
unset（$fruit）;
print_r（$fruit）;                      //输出结果：Notice：Undefined variable: fruit...
```

当将$fruit 数组删除后，在使用 print_r（）函数对其输出时，从输出结果可以看出，该数组已经不存在了。

删除元素后，数组不会再重建该元素的索引。

2．遍历数组

在操作数组时，依次访问数组中每个元素的操作称为数组遍历。在 PHP 中，通常使用 foreach（）语句遍历数组。

示例：

```
$fruit = array（'apple', 'pear'）;
```

```
foreach（$fruit as $key => $value）{
    echo $key.'---'.$value.' ';    //输出结果：0---apple 1---pear
}
```

foreach 语句后面的( )中的第一个参数是待遍历的数组名字。

foreach 语句后面的( )中的第二个参数$key 表示数组元素的键。

foreach 语句后面的( )中的第三个参数$value 表示数组元素的值。

当不需要获取数组的键时，上述示例也可以写成如下形式：

示例：

```
foreach（$fruit as $value）{
    echo $value.' ';              //输出结果：apple pear
}
```

3．调试输出

（1）echo( )函数输出一个或多个字符串。

注释：echo( )函数实际不是一个函数，所以不必对它使用括号。然而，如果希望向 echo( )传递一个以上的参数，使用括号将会生成解析错误。

语法：

echo（strings）

strings 是一个或多个要发送到输出的字符串。

实例：

把字符串变量（$str）的值写入输出，包括 HTML 标签。

```
1.  <? php
2.  $str = "Hello world！";
3.  echo $str；
4.  echo "<br>What a nice day！";
5.  ? >
```

（2）die( )函数输出一条消息，并退出当前脚本。

该函数是 exit( )函数的别名。

语法：

die（message）

message：规定在退出脚本之前写入的消息或状态号。状态号不会被写入输出。

实例：

输出一条消息，并退出当前脚本：

```
1.  <? php
2.  $site = "http：//www.w3cschool.cc/"；
3.  fopen（$site，"r"）
4.  or die（"Unable to connect to $site"）；
5.  ? >
```

2.5.3　实施步骤

（1）新建 PHP Web 页文件"option.php"。

（2）定义数组变量$myArray1，存放等级成绩。

（3）生成下拉列表。

（4）使用 foreach( )语句，取出数组元素值，填入下拉列表的 option 中。

程序完整代码如下所示：

```php
1.  <? php
2.  //数组数据
3.  $myArray1 = array（'优秀', '良好', '中等', '及格', '不及格'）;
4.  //下拉列表
5.  echo'<select name="Words">';
6.  //对于数组的每个数据分配给变量 word
7.  foreach（$myArray1 as $word）{
8.  echo'<option value="'.$word.'">'.$word.'</option>';
9.  }
10. echo'</select>';
11. ? >
```

图 2.13　输出成绩等级
的运行效果图

输出成绩等级的运行效果如图 2.13 所示。

2.5.4　拓展任务：双色球

双色球是中国福利彩票的一种玩法。它分为红色球号码区和蓝色球号码区，每注投注号码是由 6 个红色球号码和 1 个蓝色球号码组成，红色球号码从 1～33 中选取，蓝色球号码从 1～16 中选取。使用 PHP 程序实现一个机选号码投注的功能。运行效果如图 2.14 所示。

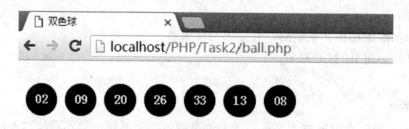

图 2.14　机选双色球运行效果

小　　结

本项目是开发留言板项目的语言基础，主要介绍了 PHP 的数据类型、常量与变量、运算符和表达式、控制语句和函数等开发网站必备的基础知识。

控制语句和数组是本项目的重点。控制语句可以实现复杂的逻辑判断，控制程序的执行流程。控制语句包括条件语句和循环语句。条件语句根据条件判断结果执行不同的操作，分为单分支结构和多分支结构。循环语句包括 while 循环、do…while 循环、for 循环和 foreach 循环。如果循环次数未知可选择 while 循环或 do…while 循环，在循环中一定要有修改循环条件的变量，否则将造成死循环；如果循环次数已定，则可选择 for 循环，对于数组遍历可选用 foreach 循环。数组在 PHP 语言中功能非常强大，它可以存储相同类型数据也可以存储不同类型的数据。数组可以方便地实现相关联数据的添加，删除修改排序等功能，在开发动态网站的过程中，从数据库中获取的数据集都需要存储在数组中在进行相关处理。

基 础 篇

留言板项目规划与设计

【教学目标】

1. 了解留言板项目的需求分析，学会数据库的设计。
2. 掌握 phpMyAdmin 的基本使用方法。
3. 掌握 MySQL 数据库的管理，能够熟练创建、修改、删除数据表。
4. 熟练运用 MySQL 语句对数据进行增删查改等操作。

【项目导航】

本项目主要是为实现留言板的前期设计与规划工作，主要完成留言板的需求分析、功能与数据库设计、掌握 MySQL 数据库系统的管理和日常使用。

任务 3.1　需求分析与设计

3.1.1　任务分析

随着网络应用的普及，人们通过网络交流的方式变得多样化，留言板功能就是网站应用程序中最常用的功能之一。我们需要设计一个留言板，根据需求分析，列出留言板应该具备的功能。

3.1.2　知识点分析

自数据库系统阶段至今，人们将软件工程的理论应用于数据库设计，形成了一个完整的数据库设计实施方法，数据库应用系统的开发过程一般包括下面几个阶段：

（1）需求分析阶段：准确了解与分析用户需求（包括数据与处理），是最困难、最耗费时间的第一步。

（2）概念结构设计阶段：通过对用户需求进行综合、归纳与抽象，形成一个独立于具体 DBMS 的概念模型，是整个数据库设计的关键。

（3）逻辑结构设计阶段：将概念结构模型转换为某个 DBMS 所支持的数据结构模型，并对其进行优化。

（4）数据库物理设计阶段：为逻辑数据模型选取一个最适合应用环境的物理结构（包括存储结构和存取方法）

（5）数据库实施阶段：运用 DBMS 提供的数据库语言（如 SQL）及宿主语言，根据逻辑设计和物理设计的结果进行实施。

（6）数据库运行和维护阶段：试运行通过后的数据库应用系统即可投入正式运行，并在运行过程中不断地对其进行评价、调整和优化。

但根据应用系统的规模和复杂程度在实际开发过程中往往有一些灵活处理，有时候把两个甚至三个过程合并进行，不一定完全刻板地遵守这样的过程，但是不管所开发的应用系统的复杂程度如何，需求分析、系统设计、编码—调试—修改这一个基本过程是不可缺少的。

3.1.3　实施步骤

留言板是一种最为简单的 BBS 应用，提供完备的信息发布功能，在网络用户交流中起很大的作用，每个人都可以将他的资料和要求等信息保留在页面上，以供他人观看。留言板供其他网友给自己留言，或者临时存放自己的感受。留言操作相对简单，在您进入网站后，可以看到有输入框，输入后提交即可。本书所选用的这个留言板项目仅仅是简单的留言和对留言板进行修改、删除管理的工具。该留言板简单但实用，而且具备了大多数留言板的基本功能。十分适合于中小型网站使用。

留言板项目的基本功能如下：

（1）留言列表：留言板中所有的留言以列表方式列出。

（2）发表留言：在留言板中增加新的留言。

（3）修改留言：更改留言板上的留言。

（4）删除留言：删除留言板上的留言。

3.1.4　拓展任务【员工管理系统的需求分析】

某公司要开发一个员工管理系统，能够展示员工的基本信息以及对这些信息的处理。

任务 3.2　数 据 库 设 计

3.2.1　任务分析

根据需求分析的结果，画出留言板项目的 E-R 图，并设计数据表的结构。

3.2.2　知识点分析

1. 实体—关系（E-R）模型图

E-R 图是指提供了表示实体型、属性和联系的方法，用来描述现实世界的概念模型。为了方便描述，现在给出几个重要术语的定义。

实体：客观存在并可相互区别的事物称为实体。实体可以是具体的人物、事物，也可以是抽象的概念或联系。如一个学生，一间教室，一种商品，一门课，一本书，以及一次选课、销售、采购等都是实体。在 E-R 图中，用矩形方框表示实体，方框内写明实体名称。

属性：实体所具有的某一特性称为属性。一个实体可以由若干个属性来刻画。如学生的姓名、学号、性别、都是属性。在 E-R 图中，用椭圆框表示属性，并用无向边将其与相应的实体连接起来。

主键：唯一标识实体的属性即称为主键或码。如学号可以唯一的标识一个学生。

关系：实体集合间存在的相互联系成为关系。在 E-R 图中，用菱形框表示关系，框内写明关系的名称，并用无向边分别于有关实体连接起来，同时在无向边标注上关系的类型。

关系的类型：

一对一关系记为 1：1。如学校与校长间的关系。

一对多关系记为 1：n。如宿舍房间与学生的关系。

多对多关系记为 $n：m$。如一位教师可以教授多个学生，而一个学生又可以受教于多位老师。

2. 数据库表

虽然 E-R 图有助于人们理解数据库中实体和关系，但是在具体完成软件系统开发还需要将信息世界的 E-R 图转换为计算机中的数据集合，目前使用最多的是关系数据库模型。关系模型是以人们日常生活中司空见惯的二维表的形式表示实体集与实体集之间的关系，非常直观，同时又由于其理论严格、使用方便等特点，所以被广泛地接受和使用。我们可以将 E-R 模式转化为二维表，转换步骤如下：

（1）将各实体转换为对应的表，将各属性转换为各表对应的列。

（2）表示每个表的主键列，需要注意的是：没有主键的表建议添加 ID 编号作为主键或者外键。

（3）在表之间建立主外键，体现实体之间的映射关系。

例：假设要建立一个学生选课数据库，每个学生选修若干门课程，且每个学生每选一门课只有一个成绩，每个教师只担任一门课的教学，一门课由若干教师任教。"学生"有属性：学号、姓名、地址、年龄、性别。"教师"有属性：职工号、教师姓名、职称，"课程"有属性：课程号、课程名。

要求：（1）画出 E-R 图，并注明属性和关系类型。

（2）将 E-R 图转换成关系模型，并注明主键。

学生选课数据库 E-R 图，如图 3.1 所示。

根据学生选课数据库 E-R 图，转换得到学生选课数据库关系模型如下：

学生（学号，姓名，地址，年龄，性别）。

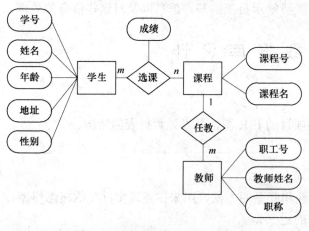

图 3.1 学生选课数据库 E-R 图

课程（课程号，课程名）。

教师（职工号，教师姓名，职称，课程号）。

选课（学号，课程号，成绩）。

3.2.3 实施步骤

要设计一个留言信息数据库，所涉及的信息包括用户的昵称、用户编号、用户头像、用户性别以及留言信息和留言的时间。我们可以先画出留言板信息数据库的 E-R 图，再转换成表的结构。绘制留言板项目的 E-R 图，如图 3.2 所示。

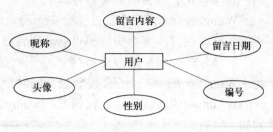

图 3.2 留言板项目 E-R 图

留言信息表 t_message 的数据表结构，见表 3.1。

表 3.1　　　　　　　　　　　留言信息表 t_message 的数据表结构

对象名	类型	代码	描述	备注
用户	实体	User	用户	
编号	属性	id	用户编号	int（11）
昵称	属性	username	用户昵称	varchar（50）
性别	属性	sex	用户性别	varchar（2）
头像	属性	imgurl	头像图片地址	varchar（255）
留言内容	属性	message	留言内容	text
留言日期	属性	m_date	留言日期	datetime

3.2.4 拓展任务：员工管理系统的 E-R 图和员工信息表的结构

员工信息表需要采集员工的姓名、所在部门、出生日期和入职时间等信息，请绘制出 E-R 图并设计员工信息表的结构。

任务 3.3　数 据 库 实 施

3.3.1 任务分析

创建留言项目的数据库 db_bbs，根据表 3.1 的结构创建存储用户留言的表 t_message，并在表中添加数据，如图 3.3 所示。

图 3.3 创建数据库 db_bbs 及留言信息表 t_message

3.3.2　知识点分析

1．MySQL 服务的启动与停止

WampServer 把三个软件结合在一起，使用要想启动或停止服务，可以左键点击任务栏的图标，在弹出菜单中选择"启动所有服务"或"停止所有服务"。

2．MySQL 的登录与退出

WampServer 设置了直接登录 phpMyAdmin。如果想通过登录进入管理界面，打开 phpMyAdmin 的安装目录，找到 C：\wamp\apps\phpmyadmin3.3.9\config.inc.php 文件，找到如下位置：

$cfg['Servers'][$i]['auth_type'] = 'config';
改为：
$cfg['Servers'][$i]['auth_type'] = 'cookie';

保存并重启 WampServer。在浏览器中输入 http：//localhost/phpmyadmin/地址，即打开登录界面。phpMyAdmin 的登录界面如图 3.4 所示。

输入用户名和密码便可登录，默认的用户名是"root"，密码为空。

退出方法：在界面的左上角有一排操作按钮，退出图标就是左数第二个绿色的，带有 exit 字样，点击便可退出，如图 3.5 所示。

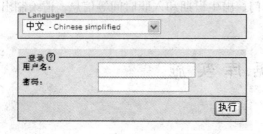

图 3.4　phpMyAdmin 的登录界面　　　　　图 3.5　退出 phpMyAdmin

3．MYSQL 增加新用户

（1）打开 phpMyAdmin 主页，点击菜单栏的【权限】按钮，进入用户管理页面，如图 3.6 所示。

图 3.6　进入用户权限管理

（2）用户管理页面列出现有用户信息，点击【添加新用户】创建新用户，如图 3.7 所示。

（3）输入用户名。有两个选项，即任意用户和使用文本域，它们之间没有明显区别，推荐选择"使用文本域"，然后在文本框中输入用户名，如 zhangsan。

图 3.7 添加新用户

（4）输入主机信息。这里有四个选项：任意主机（%）、本地（localhost）、使用主机表（host）、使用文本域。任意主机表示匹配所有主机；本地表示仅限本地主机（默认填写 localhost）；使用主机表指以 MySQL 数据库中的 host 表中的数据为准，不需填写任何信息（如果填写则此选项无效）；使用文本域表示自行填写主机地址信息。此处选择"本地"选项。

（5）输入密码和确认密码。有两个选项，即无密码、使用文本域。此处选择"使用文本域"，可以手动输入密码，也可以点击【生成】按钮，自动生成密码并在最下方文本框中显示。设置新用户信息如图 3.8 所示。

图 3.8 设置新用户信息

（6）为用户分配权限。权限管理分为两大块：用户数据库和全局权限。

用户数据库包括两个选项，即创建与用户同名的数据库并授予所有权限和给以用户名_开通的数据库授予所有权限。可根据需要自行选择。此处两个都未选，仅创建新用户。

全局权限包括四部分，即数据、结构、管理和资源限制。可根据需要自行选择。这里我选择了"全选"。设置用户权限如图 3.9 所示。

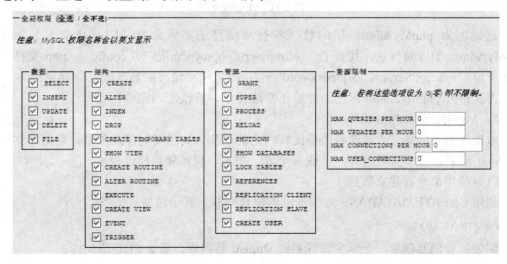

图 3.9 设置用户权限

（7）权限分配好后，点击右下角的【执行】按钮，执行创建新用户操作。

4. MySQL 修改用户密码

（1）打开 phpMyAdmin 主页，点击菜单栏的【权限】按钮，进入用户管理页面。

（2）在表中找到我们刚刚创建的用户为 zhangsan，主机为 localhost 的数据行，点击【编辑权限】按钮。

（3）里面可以设置的选项很多，我们找到修改密码区域。输入两次新的密码，点击执行，（输入两次新的密码，下面有个生成按钮，这是根据你当前设置的密码加密之后生成新的密码，以后你的密码就是生成的字符串，如果就想用自己设置的密码，就不要点击"生成"按钮。）这里我们就用自己设置的密码，然后点击执行。修改密码如图 3.10 所示。

如果弹出密码修改成功的提示就说明密码已经修改成功了。在客户端尝试用新密码登录一次，可以发现密码已经修改成功了。

大家注意：我们默认登录的用户名为 root，主机为 localhost 的账户是没有设置密码

图 3.10 修改密码

的，如果要给它添加密码，可以按上述步骤更改。给 root 修改密码后，我们尝试用新密码登录一次，发现密码已经修改成功了。但是，当退出 phpMyAdmin 再进来时发现连接不上数据库了。出现如图 3.11 的错误提示。

图 3.11 出错提示

这是因为 phpMyAdmin 里的数据库登录信息还是原来的，所以登录不上。打开 phpMyAdmin 的安装目录，找到 C：\wamp\apps\phpmyadmin3.3.9\config.inc.php 文件，找到如下位置：$cfg['Servers'][$i]['password'] = '';改成刚刚设置的新密码，保存退出。

再次打开 phpMyAdmin，已经能够正常连接了，修改密码完成。

5. MySQL 数据库的操作

数据库是表的集合。管理着关系比较固定的表集，如在表间建立关系。数据库文件具有.dbc 扩展名，其中可以包含一个或多个表、关系、视图和存储过程等。

（1）使用命令行建立数据库。

使用 CREATE DATABASE 命令可以创建数据库，其语法格式如下：

CREATE DATABASE 库文件名;

例如：我们要创建一个学生管理系统 student 数据库。那么 SQL 语句为：

CREATE DATABASE student;

1）打开 MySQL 控制台。在屏幕下方的任务栏区域，点击 WampServer 图标，在弹出的菜单中选择"MySQL"—"MySQL 控制台"，打开 MySQL 控制台。

2）输入 MySQL 用户密码，连接到 MySQL 数据库。

3）在命令行提示符处输入"CREATE DATABASE student;"命令，数据库便建立成功。用命令方式建立数据库如图 3.12 所示。

图 3.12　用命令方式建立数据库

（2）在 phpMyAdmin 中创建数据库。

成功登陆 phpMyAdmin 的界面后，根据提示找到新建数据库，填写要创建数据库的名字，点击创建按钮，便创建成功了。在 phpMyAdmin 中创建数据库如图 3.13 所示。

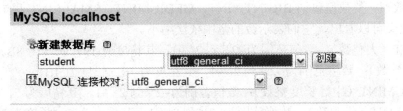

图 3.13　在 phpMyAdmin 中创建数据库

点击创建按钮，提示数据库创建成功，并有相关操作的 SQL 语句。成功创建数据库 student 如图 3.14 所示。

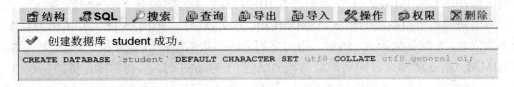

图 3.14　成功创建数据库 student

图 3.15　在列表中选择要删除的数据库

（3）使用命令行删除数据库。

删除数据库操作会将数据库中的所有表和数据库，要小心地使用这个操作。

已经创建的数据库需要删除时，可以用 DROP DATABASE 命令，其语法格式如下：

DROP DATABASE 库文件名;

（4）在 phpMyAdmin 中删除数据库。

首先回到 phpMyAdmin 的首页，进入右边的"数据库"，到达数据库管理界面。在需要删除的数据库名前选择复选框后，点击下方的红叉图标，如图 3.15 所示。

出现删除确认页面，如图 3.16 所示，确认后，执行删除数据库操作。

图 3.16　确认删除数据库界面

6. MySQL 数据表的操作

数据表是十分重要的数据对象,用户所关心的数据分门别类地存储在各个表中,许多操作都是围绕表进行的。因此,在创建表之前,一定要做好系统分析,以免表创建后再修改。在建表之前,首先需要知道每个属性的数据类型。

(1) MySQL 数据类型。

1)整数型。整数型包括 BIGINT、INT、MEDIUMINT、SMALLINT 和 TINYINT,从标识符的意义可以看出,它们表示数的范围依次缩小。

BIGINT(大整数):数值范围为 -2^{63} 到 $2^{63}-1$,其精度为 19,长度为 8B。

INT(整数):数值范围为 -2^{31} 到 $2^{31}-1$,其精度为 10,长度为 4B。

MEDIUMINT(中等长度整数):数值范围为 -2^{23} 到 $2^{23}-1$,其精度为 7,长度为 3B。

SMALLINT(短整数):数值范围为 -2^{15} 到 $2^{15}-1$,其精度为 5,长度为 2B。

TINYINT(微短整型):数值范围为 -2^7 到 2^7-1,其精度为 3,长度为 1B。

2)精确数值型。精确数值型数据由整数部分和小数部分构成,其所有的数字都是有效位,能够以完整的精度存储十进制数。精确数值型是 DECIMAL 和 NUMERIC,两者唯一的区别在于 DECIMAL,不能用于带有 IDENTITY 关键字的列。

声明精确数值型数据的格式是 NUMERIC|DECIMAL(P [, S]),其中 P 为精度,S 为小数位数,S 默认值为 0。例如,指定某列为精确数值型,精度为 6,小数位数为 3,即 DECIMAL(6,3),那么若向某记录的该列赋值 65.342689 时,该列实际存储的是 65.3427。

3)浮点型。浮点型叫近似数值型。这种类型不能提供精确表示数据的精度。使用这种类型类存储某些数值时,可能会损失一些精度,所以它可以用于处理取值范围非常大且对精确度要求不是十分高的数值量,如一些统计量。

有两种浮点数据类型:单精度(FLOAT)和双精度(DOUBLE)。两者通常都使用科学计数法表示数据,尾数 E 阶数,如 6.5423E20,-3.92E10 等。

4)位数。位字段类型,表示如下:BIT [(M)],其中 M 表示位值的位数,范围为 1~64。如果 M 省略,默认为 1。

5)字符型。字符型数据用于存储字符串,字符串中可以包括字母、数字和其他特殊符号(如#、@、&等)。在输入字符串时,需将串中的符号用单引号或双引号括起来,如"ABCD"。

字符型包括固定长度(CHAR)和可变长度(VARCHAR)两种。

CHAR [(N)]为定长字符数据类型,其中 N 定义字符型数据的长度,N 为 1~255 之间,默认为 1。当表中的列定义为 CHAR [(N)]类型时,若实际要存储的字符串长度不足 N 时,则在串的尾部添加空格以达到长度 N,所以 CHAR(N)的长度为 N。例如,某列的数据类型为 CHAR(20),而输入的字符串为"ABCDEFGH",则存储的是字符 ABCDEFGH 和 12 个空格。若输入的字符个数超过 N,则超出的部分被截断。

VARCHAR［（N）］为可变长字符数据类型，其中 N 可以指定为 0～65535 之间的值，但这里 N 表示的是字符串可达到的最大长度。VARCHAR（N）的长度为输入的字符串的实际字符个数，而不一定是 N。例如，表中某列的数据类型为 VARCHAR（50），而输入的字符串为"ABCDEFGH"，则存储的就是字符 ABCDEFGH，其长度为 8B。

6）文本型。当需要存储大量的字符数据，如较长的备注、日志信息等，字符型数据的最长 65535 个字符的限制可能使它们不能满足应用需求，此时可使用文本型数据。文本型数据对应 ASCII 字符，其数据的存储长度为实际字符数。

文本型数据可分为 4 种：TINYTEXT、TEXT、MEDIUMTEXT 和 LONGTEXT。

文本数据类型的最大长度见表 3.2。

表 3.2　　　　　　　　　　　　　　　　文本数据类型的最大长度

文本数据类型	最大长度	文本数据类型	最大长度
TINYTEXT	$255（2^8-1）$	MEDIUMTEXT	$16777215（2^{24}-1）$
TEXT	$65535（2^{16}-1）$	LONGTEXT	$4294967295（2^{32}-1）$

7）BINARY 和 VARBINARY 型。BINARY 和 VARBINARY 类型数据类似 CHAR 和 VARCHAR，不同的是它们包含的是二进制字符串，而不是非二进制字符串。也就是说，它们包含的是字节字符串，而不是字符字符串。这说明它们没有字符集，并且排序和比较基于列值字节的数值。

BINARY［（N）］为固定长度为 N 字节的二进制数据。N 取值范围为 1～8000，默认为 1。BINARY（N）数据的存储长度为 N+4B。若输入的数据长度小于 N，则不足部分用 0 填充；若输入的长度大于 N，则多余部分被截断。

VARBINARY［（N）］为 N 字节变长二进制数据。N 取值范围为 1～8000，默认为 1。VARBINARY（N）数据的存储长度为实际输入数据长度+4B。

8）日期时间类型。MySQL 支持 DATE、TIME、DATETIME、TIMESTAMP 和 YEAR 这 5 种时间、日期类型。

DATE 数据类型由年份、月份和日期组成，代表一个实际存在的日期。DATE 的使用格式为字符形式"YYYY-MM-DD"，年份、月份和日期之间使用连字符"–"隔开，除了"–"，还可以使用其他字符，如"/""@"等，也可以不使用任何连接符，如"20160101"表示 2016 年 1 月 1 日。DATE 数据支持的范围是 1000-01-01～9999-12-31。虽然不在此范围的日前数据也允许，但是不能保证能正确进行计算。

TIME 数据类型代表一天中的一个时间，由小时数、分钟数、秒数和微秒数组成。格式为"HH：MM：SS.fraction"，其中 fraction 为微秒部分，是一个 6 位的数字，可以省略。TIME 值必须是一个有意义的时间，如"12：23：54"表示 12 点 23 分 54 秒，而"12：77：54"是不合法的，它将变成"00：00：00"。

DATETIME 和 TIMESTAMP 数据类型是日期和时间的组合，日期和时间之间用空格隔开，如"2016-01-01 12：23：54"。大多数适用于日期和时间的规则在此也适用。DATETIME 和 TIMESTAMP 有很多共同点，但也有区别。对于 DATETIME，年份在 1000～9999 之间，而 TIMESTAMP 的年份在 1970～2037 之间。另一个重要的区别是：TIMESTAMP 支持时区,即在操作系统时区发生改变时,TIMESTAMP 类型的时间值也相应改变,而 DATETIME 则不支持时区。

YEAR 用来记录年分值。MySQL 以 YYYY 格式检索和显示 YEAR 值,范围是 1901～2155。

9)ENUM 和 SET 类型。ENUM 和 SET 是比较特殊的字符串数据列类型,它们的取值范围是一个预先定义好的列表。ENUM 和 SET 数据列的取值只能从这个列表中进行选择。ENUM 和 SET 的主要区别是:ENUM 只能取单值,它的数据列表是一个枚举集合。ENUM 的合法取值列表最多允许有 65535 个成员。例如 ENUM("N","Y")表示,该数据列的取值要么是"Y",要么就是"N"。SET 可取多值。它的合法取值列表最多允许有 64 个成员。空字符串也是一个合法的 SET 值。

(2)创建数据表。创建表的实质就是定义表结构,设置表和列的属性。定义完表结构,就可以根据表结构创建表了。语法格式:

```
CREATE TABLE 表名(
<列名><数据类型>[<列选项>],
<列名><数据类型>[<列选项>],
……<表选项>);
```

实例:设计在学生管理系统数据库 student 中包含一张学生成绩表 stu_score,该表中有学生的学号 id,姓名 name,中文成绩 chinese,英语成绩 english 和数学成绩 math。学生成绩 stu_score 的表结构见表 3.3。

表 3.3 学生成绩 stu_score 的表结构

字段名	数据类型	长度	其他属性
id	int	11	非空,主键,自动增长
name	varchar	20	非空
chinese	float		非空
english	float		非空
math	float		非空

创建步骤如下:

1)选择数据库 student,提示数据库中没有表,我们在下面的提示界面中输入要创建的学生成绩表的名字 stu_score,以及需要创建的字段数。新建 stu_score 表如图 3.17 所示。

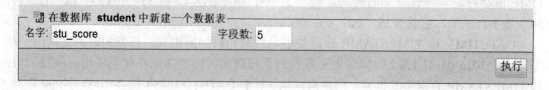

图 3.17 新建 stu_score 表

2）点击执行，跳转至填写字段信息的界面，根据表结构，完成各字段属性的填写。根据表结构设置表 stu_score 中各字段的属性值如图 3.18 所示。

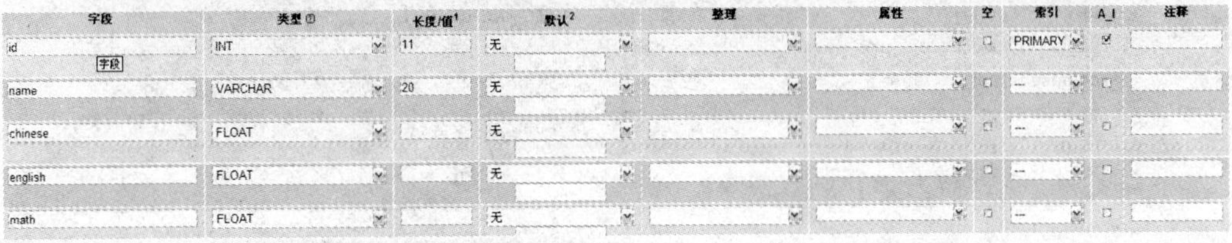

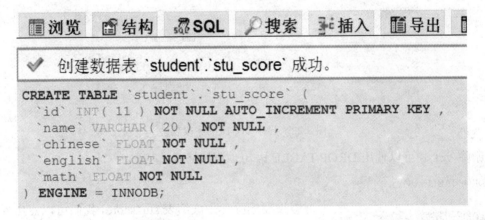

图 3.18　根据表结构设置表 stu_score 中各字段的属性值

3）点击界面下方的保存，即完成学生成绩表 stu_score 结构的创建，相关操作的 SQL 语句。创建表 stu_score 的 SQL 语句如图 3.19 所示。

图 3.19　创建表 stu_score 的 SQL 语句

4）查看表结构，我们可以单击界面上方的"结构"按钮，查看学生成绩表 stu_score 的结构。显示数据表 stu_score 的结构如图 3.20 所示。

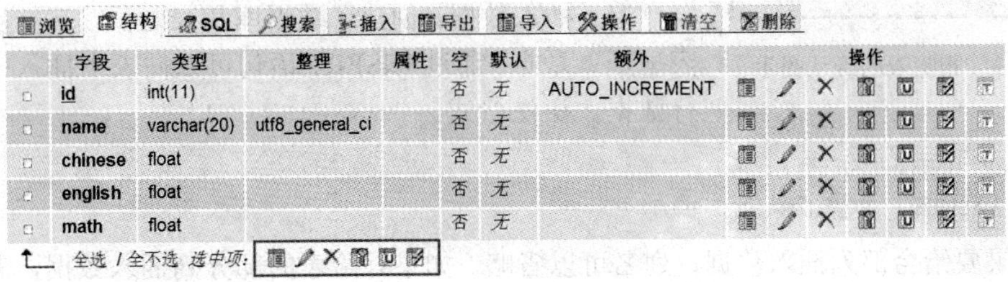

图 3.20　显示数据表 stu_score 的结构

5）还可以根据实际情况，对表结构进行修改。选中要修改的字段，点击下方的 按钮，便会弹出对应字段的属性值供修改。选中要修改的字段和显示要修改的字段属性如图 3.21 和图 3.22 所示。

（3）删除数据表。

图 3.21 选中要修改的字段

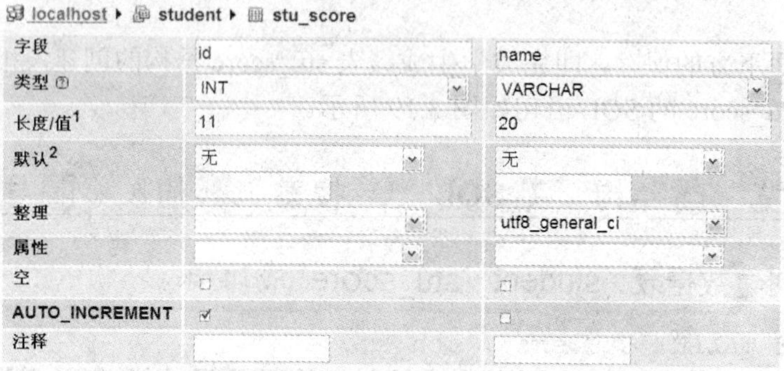

图 3.22 显示要修改的字段属性

删除一个表可以使用 DROP TABLE 语句。语法格式：

DROP TABLE 表名；

图 3.23 删除表的确认提示

假设要删除学生成绩表 stu_score，我们可以点击界面上方的"删除"按钮，会弹出提示框询问是否真的要删除，如图 3.23 所示。如果选择"确定"，则该表被从数据库中删除，选择"取消"，则删除该表的操作取消。

7．MySQL 的语句操作

（1）插入数据。创建了数据库和表之后，下一步就是向表里插入数据。通过 INSERT 语句可以向表中插入一行或多行数据。语法格式：

INSERT [INTO]表名[（列名，…）]
 　VALUES（{表达式|默认值}，…），（…），…

如果要给全部列插入数据，列名可以省略。如果只给表的部分列插入数据，需要指定这些列。对于没有指出的列，它们的值根据列默认值或有关属性来确定。注意：插入记录的字段类型如果是字符串类型，插入值既可以使用单引号，也可以使用双引号。

实例：向学生成绩表 stu_score 中插入一条学生的成绩。在表结构的浏览界面上方，有"插入"按钮，点击可以插入新的记录，如图 3.24 所示。

把记录信息录入后，点击执行，便可生成一条新的记录。自动跳转到"SQL"选项，列出相关操作的 SQL 语句，如图 3.25 所示。

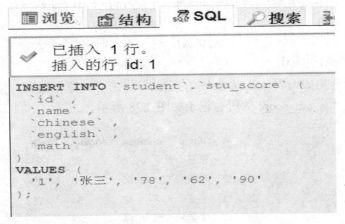

图 3.24　向学生成绩表 stu_score 中插入数据

图 3.25　向表 stu_score 中插入数据的 SQL 语句

或者在"SQL"选项中，手动输入插入新记录的 SQL 语句，点击执行，也可以插入新的记录，如图 3.26 和图 3.27 所示。

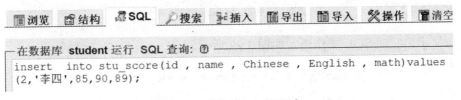

图 3.26　手动输入 SQL 语句

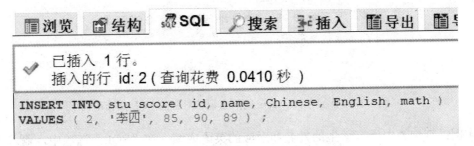

图 3.27　执行插入语句

用类似的方法向学生成绩表 stu_score 中再添加几条记录,方便后续的操作使用这些记录。

(2)查询数据。SELECT 语句可以从一个或者多个表中选取特定的行和列,结果通常是生成一个临时表。在执行过程中系统根据用户的要求从数据库中选出匹配的行和列,并将结果存放到临时的表中。语法格式:

```
SELECT
    [ALL|DISTINCT]
    select_expr, …
    [FROM 表1 [, 表2]…]                      /*FROM 子句 */
    [WHERE 条件]                             /*WHERE 子句 */
    [GROUP BY {列名| 表达式| 位置}[ASC| DESC], …]    /*GROUP BY 子句 */
    [HAVING 条件]                            /*HAVING 子句*/
    [ORDER BY {列名| 表达式| 位置}[ASC| DESC], …]    /*ORDER BY 子句 */
    [LIMIT {[偏移, ]行数}]                    /*LIMIT 子句*/
```

实例:查看学生成绩表 stu_score 中的记录。点击"浏览"选项,便可浏览表中的所有记录信息。显示表 stu_score 的所有记录如图 3.28 所示。

			id	name	chinese	english	math
☐	✏	✕	1	张三	78	62	90
☐	✏	✕	2	李四	85	90	89
☐	✏	✕	3	王五	88	54	73
☐	✏	✕	4	李雷	96	87	83
☐	✏	✕	5	张平	82	43	79
☐	✏	✕	6	王小磊	55	69	77

全选 / 全不选 选中项: ✏ ✕ 🗑

图 3.28 显示表 stu_score 的所有记录

对应显示出它的 SQL 操作语句如图 3.29 所示。

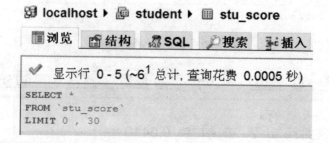

图 3.29 显示表 stu_score 的所有记录对应的 SQL 操作语句

实例:查询表中所有学生的姓名和对应的英语成绩。在"SQL"选项中,输入相关的SQL 语句,如图 3.30 所示。

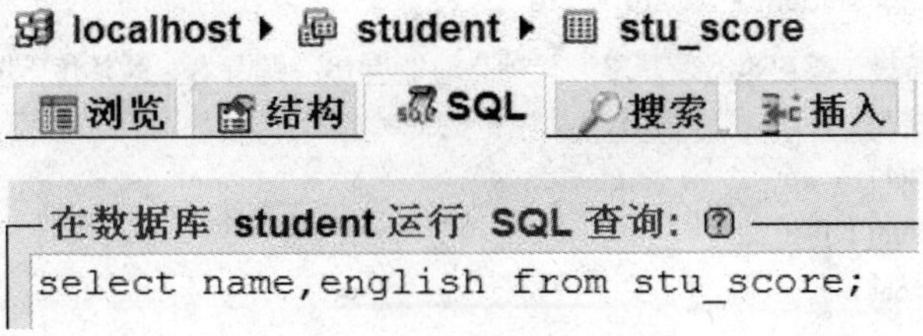

localhost ▶ 🗒 student ▶ 🗒 stu_score

📰浏览　🗒结构　📊SQL　🔍搜索　📥插入

在数据库 **student** 运行 **SQL** 查询: ⑦

```
select name,english from stu_score;
```

图 3.30　查询语句

点击执行，显示查询的结果，如图 3.31 所示。只显示姓名和英语成绩字段。

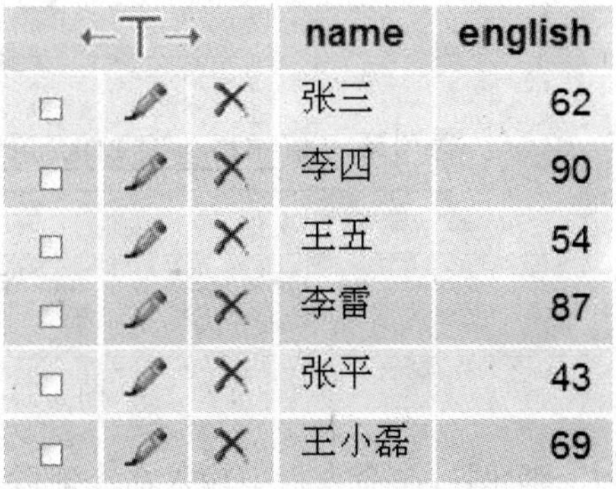

大家可以在"SQL"选项中，反复练习查询语句，执行后可以看到查询的结果。

实例：查询英语成绩大于 80 分的同学的记录信息，命令如下：

select * from　stu_score　where english>80;

实例：查询英语分数在 60～70 之间的同学的记录信息，命令如下：

select * from　stu_score　where english between 60 and 70;

实例：查询所有姓李的学生成绩，命令如下：

select * from stu_score　where name like '李%';

实例：查询数学和语文成绩都高于 80 分的同学的记录信息，命令如下：

select * from　stu_score　where math>80 and chinese>80;

（3）修改表数据。

向表中插入数据后，如果修改表中的数据，可以使用 UPDATE 语句。语法格式：

UPDATE 表名
      SET 列名=表达式 1[, 列名=表达式 2…]
      [WHERE 条件]

实例：修改学生成绩表 stu_score 中最后一条记录的字段 name 的值，将"王小磊"改为"王大磊"。

在"浏览"选项中选择最后一条记录，并点击修改。修改表数据如图 3.32 所示。

将 name 属性值的"王小磊"改为"王大磊"后，点击执行。自动跳转回"浏览"选项，并显示出修改操作的 SQL 语句，如图 3.33 所示。

（4）删除表数据。

删除表中数据一般使用 DELETE 语句。语法格式：

DELETE FROM 表名
 [WHERE 条件]

←T→			name	english
☐	✏	✗	张三	62
☐	✏	✗	李四	90
☐	✏	✗	王五	54
☐	✏	✗	李雷	87
☐	✏	✗	张平	43
☐	✏	✗	王小磊	69

图 3.31　显示查询结果

图 3.32 修改表数据

图 3.33 修改表数据的 SQL 语句

实例：在命令行中输入命令删除学生成绩表 stu_score 中字段 name 的值为"李雷"的记录。

在"浏览"选项中选中 name 的值为"李雷"的记录，点击删除按钮 ✕ 后，会弹出确认删除的对话框，上面有删除记录所对应的 SQL 语句。删除记录的确认提示如图 3.34 所示。

图 3.34 删除记录的确认提示

3.3.3 实施步骤

（1）创建留言板项目数据库 db_bbs。创建数据库 db_bbs 如图 3.35 所示。

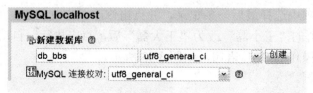

图 3.35 创建数据库 db_bbs

（2）在新创建的数据库中创建留言信息表 t_message。并根据留言信息的结构表，见表 3.1 创建数据库。创建表 t_message 和创建完成表 t_message 的结构如图 3.36 和图 3.37 所示。

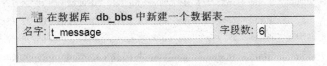

图 3.36　创建表 t_message

字段	类型	整理	属性	空	默认	额外
id	int(11)			否	无	AUTO_INCREMENT
username	varchar(50)	utf8_general_ci		否	无	
sex	varchar(2)	utf8_general_ci		否	男	
message	text	utf8_general_ci		是	NULL	
imgurl	varchar(255)	utf8_general_ci		是	images/1.jpg	
m_date	datetime			是	NULL	

图 3.37　创建完成表 t_message 的结构

（3）选择"插入"选项，可以为留言信息表 t_message 中添加新记录。为表 t_message 添加新记录如图 3.38 所示。

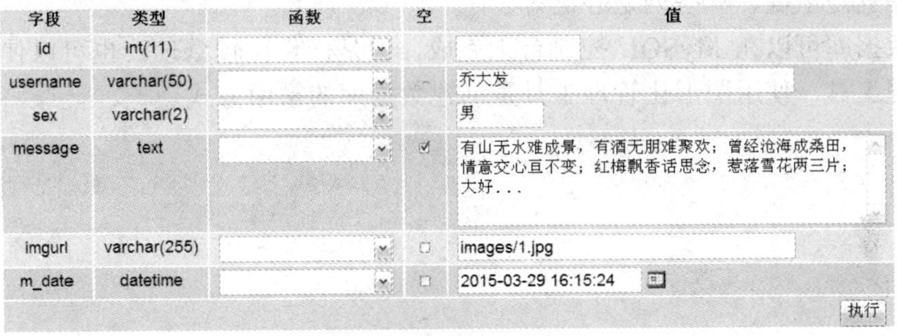

字段	类型	函数	空	值
id	int(11)			
username	varchar(50)			乔大发
sex	varchar(2)			男
message	text		✓	有山无水难成景，有酒无朋难聚欢；曾经沧海成桑田，情意交心亘不变；红梅飘香话思念，惹落雪花两三片；大好...
imgurl	varchar(255)			images/1.jpg
m_date	datetime			2015-03-29 16:15:24

图 3.38　为表 t_message 添加新记录

（4）用同样的方法，为表 t_message 添加多条记录。

3.3.4　拓展任务【员工管理系统建立数据库和数据表】

仿照留言板项目建立数据库和数据表的方法，创建员工数据库 db_emp 和员工信息表 tb_emp，该表用于保存员工的详细信息。tb_emp 表的结构和数据如图 3.39 和图 3.40 所示。

# 名字	类型	整理	属性	空	默认	额外
1 e_id	int(10)		UNSIGNED	否	无	AUTO_INCREMENT
2 e_name	varchar(20)	utf8_general_ci		否	无	
3 e_dept	varchar(20)	utf8_general_ci		否	无	
4 e_img	varchar(50)	utf8_general_ci		是	images/1.jpg	
5 date_of_birth	timestamp		on update CURRENT_TIMESTAMP	否	CURRENT_TIMESTAMP	ON UPDATE CURRENT_TIMESTAMP
6 date_of_entry	timestamp			否	0000-00-00 00:00:00	

图 3.39　tb_emp 表的结构

e_id 员工ID	e_name 姓名	e_dept 部门	e_img 头像	date_of_birth 生日	date_of_entry 入职日期
1	张三	市场部	images/1.jpg	2008-04-03 13:33:00	2014-09-22 17:53:00
2	李四	开发部	images/1.jpg	2008-04-03 13:33:00	2013-10-24 17:53:00
3	王五	媒体部	images/1.jpg	2008-04-03 13:33:00	2015-04-21 13:33:00
4	赵六	销售部	images/1.jpg	2008-04-03 13:33:00	2015-03-20 17:54:00
5	陈天天	市场部	images/1.jpg	2000-09-01 00:00:00	2016-09-01 00:00:00
6	王红	策划部	images/1.jpg	2000-09-01 00:00:00	2010-09-01 00:00:00

图 3.40　tb_emp 表的数据

小　结

本项目是留言板项目的数据库设计与实现部分，主要介绍了 MySQL 数据库的创建与管理、数据类型及数据表的创建与管理、数据添加、修改、删除和查询等 SQL 操作，并实现了留言板项目的数据库。

数据库用来存储数据，数据以表的形式存储在数据库中，数据库设计要根据系统需求，确定需要哪些表，每个表中都有哪些列及每一列的数据类型、哪些列允许空值、哪些列要索引、哪些列是主键、哪些列是外键等。

创建数据库可以在 MySQL 控制台上完成，但是操作比较繁琐，也可以使用 MySQL 图形化管理工具，使用图形化管理工具是创建数据库的常用方式。

留言板的设计与实现

【教学目标】

1．了解 PHP 访问 MySQL 数据库的基本步骤。
2．熟练掌握 MySQLi 扩展，能使用面向对象语法的方式操作 MySQL 数据库。
3．掌握数据输入、表单提交的常用操作及数据处理。
4．理解并熟练使用全局数据。

【项目导航】

任何一种 Web 开发编程语言都需要对数据进行处理，PHP 语言也不例外。PHP 所支持的数据库类型较多，在这些数据库中，由于 MySQL 的跨平台性、可靠性、访问效率较高，且易于使用以及免费开源等特点，备受 PHP 开发者的青睐。不管在小型还是大型应用程序中，MySQL 一直以来被认为是 PHP 理想的最佳搭档。本项目主要以留言板的显示留言列表、编辑留言、删除留言功能为载体，介绍 PHP 如何连接数据库、操作数据库技术。

任务 4.1 连 接 留 言 板 数 据 库

4.1.1 任务分析

由留言板的需求分析可知，留言板由 1 张数据表即 t_message（留言表）组成。对留言板的读写需要对这张表进行各种操作，这些操作都要进行数据库连接才可以操作数据库，为简化程序的编写和提高程序的可读性和可维护性，本任务将创建 conn.php 文件，conn.php 文件负责进行数据库连接。

4.1.2 知识点分析

1．PHP 访问数据库技术

与其他高级语言一样，PHP 也提供了访问数据库的功能。在 PHP 中通过三个扩展来实现对数据库的支持： MySQL 扩展、MySQLi 扩展以及抽象层的 PDO 扩展。

（1）MySQL 扩展。在默认情况下，MySQL 扩展已经安装好了。要想开启 MySQL 扩展，需要打开 PHP 配置文件 php.ini 文件，找到下列语句：

; extension=php_mysql.dll

去掉前面的分号注释即可，同时保存修改后的文件，并重新启动 Apache 服务器即可启动 MySQL 扩展。

根据 PHP 的官方说明，PHP 5.5 开始不再支持 MySQL 扩展，改为要用 MySQLi 或 PDO_MySQL 的方式。PHP 5 及以上版本建议使用 MySQLi 扩展和 PDO 扩展来操作 MySQL 数据库。

（2）MySQLi 扩展。MySQLi 扩展是 MySQL 的增强版扩展，MySQLi 扩展被设计为适用于 MySQL 版本 4.1.13 或更新的版本。MySQLi 扩展在默认情况下已经安装好了，需要开启时，在 php.ini 配置文件中查找下列语句：

; extension=php_mysqli.dll

去掉分号注释即可。同时保存修改后的文件，并重新启动 Apache 服务器即可启动 MySQLi 扩展。

本项目将以 MySQLi 扩展为例介绍留言板的制作。

（3）PDO 扩展。在早期的 PHP 版本中，由于不同数据库扩展的应用程序接口互不兼容，导致 PHP 所开发的程序的维护困难、可移植性差。为了解决这个问题，PHP 开发人员编写了一种轻型、便利的 API 来统一操作各种数据库，即数据库抽象层——PDO 扩展。

PHP 从 5.1 版本开始，在安装文件中含有 PDO，在 PHP5.2 中默认为开启状态，但是若要启动对 MySQL 数据库驱动程序的支持，仍需要进行相应的配置操作。需要开启时，在 php.ini 配置文件中查找下列语句：

; extension=php_pdo_mysql.dll

去掉分号注释即可。修改完成后重新启动 Apache，就可以启动 PDO 扩展。

> **问题：**应该选择使用 MySQLi 还是 PDO？
>
> MySQLi 和 PDO 有它们自己的优势：PDO 应用在 12 种不同数据库中，MySQLi 只针对 MySQL 数据库。
>
> 如果所使用项目需要在多种数据库中切换，建议使用 PDO，这样只需要修改连接字符串和部分查询语句即可。使用 MySQLi，如果不同数据库，则需要重新编写所有代码，包括查询。

2. PHP 访问 MySQL 的基本步骤

使用 PHP 访问和操作 MySQL 的步骤如下：

（1）建立 MySQL 连接。

（2）选择数据库。

（3）定义 SQL 语句。

（4）执行 SQL 语句。向 MySQL 发送 SQL 请求，MySQL 收到 SQL 语句后执行 SQL 返回执行结果。

（5）读取、处理结果。

（6）释放内存，关闭连接。

使用 PHP 访问和操作 MySQL 的步骤如图 4.1 所示。

图 4.1　使用 PHP 访问和操作 MySQL 数据库的基本步骤

3. 使用 MySQLi 扩展的连接数据库

连接和选择数据库。

在面向对象的模式中，mysqli 是一个封装好的类，使用前需要先实例化对象，具体示例如下：

```php
<? php
$dbcon = new mysqli( );
? >
```

实例化后就可以使用内置的函数连接数据库了。连接数据库使用 mysqli 中的构造方法 __construct( )，具体声明如下所示：

mysqli: : __construct（[string $host = ini_get（"mysqli.default_host"）[, string $username = ini_get（"mysqli.default_user"）[, string $passwd = ini_get（"mysqli.default_pw"）[, string $dbname = "" [, int $port = ini_get（"mysqli.default_port"）[, string $socket = ini_get（"mysqli.default_socket"）]]]]]]）

在上述声明中，构造方法 __construct( )有 6 个可选参数，省略时都使用其默认形式，其中参数 $host 表示主机名或 IP，$username 参数表示用户名，$passwd 表示密码，参数 $dbname 表示表示要操作的数据库，$port 表示端口号，$socket 表示套接字。

接下来，通过一个案例来演示 mysqli 构造方法连接数据库的使用，具体如［例 4.1］所示。

【例 4.1】　使用 mysqli 构造方法连接数据库。

```php
1.    <? php
2.    //当文件的默认编码是 utf-8 时，要同时设定网页字符集为 utf-8，防止中文乱码
3.    header（'Content-Type：text/html；charset=utf-8'）;
4.    //使用构造方法连接并选择数据库
5.    $db = new mysqli（'localhost', 'root', '', 'db_bbs', '3306'）;
6.    // 检测连接
7.    if （$db->connect_error）  {
8.        die（"连接失败，出错信息为："  . $db->connect_error）;
9.    }
10.   echo "连接成功！ ";
```

［例 4.1］中，使用的是面向对象语法连接数据库，另外，还可以使用面向过程语法连接数据库，例如 mysqli_connect( )。具体如［例 4.2］所示。

【例 4.2】　使用面向过程语法连接数据库。

```php
1.    <? php
```

2.　　//当文件的默认编码是 utf-8 时，要同时设定网页字符集为 utf-8，防止中文乱码

3.　　header（'Content-Type: text/html; charset=utf-8'）;

4.　　// 创建连接

5.　　$db = mysqli_connect（'localhost', 'root', ''）;

6.　　// 检测连接

7.　　if （! $db）{

8.　　　　die（"连接失败，出错信息为： " . mysqli_connect_error（ ））;

9.　　}

10.　echo "连接成功！ ";

11.　? >

> **注意**：在连接数据库发生错误时，会出现错误信息，但在上线项目中建议对错误信息进行屏蔽，并可以自定义错误提示，通常有如下两种方式：
>
> （1）在 mysqli_connect（ ）函数前面添加符号 "@"，可以用于屏蔽这个函数出错信息的显示。
>
> （2）当需要自定义错误提示时，可以写成如下形式：
>
> mysqli_connect（'localhost: 3306', 'root', '123456'） or die（'数据库服务器连接失败！'）
>
> 在上述代码中，如果调用函数出错，将执行 or 后面的语句，其中 die（）函数用于停止脚本执行并向用户输出错误信息。建议在程序开发阶段不要屏蔽错误信息，避免出错后难以确定问题所在。

4.1.3　实施步骤

创建 db_conn.php 文件，该文件主要负责设置数据库连接参数，并进行数据库连接。具体代码如下：

1.　　<? php

2.　　//当文件的默认编码是 utf-8 时，要同时设定网页字符集为 utf-8，防止中文乱码

3.　　header（'Content-Type: text/html; charset=utf-8'）;

4.　　//设置连接数据库的参数

5.　　$servername = "localhost";　　　　　//设置 MYSQL 数据库所在的服务器名

6.　　$username = "root";　　　　　　　　//设置使用 MYSQL 数据库的用户名

7.　　$password = "";　　　　　　　　　　//设置用户的密码

8.　　$dbname="db_bbs";　　　　　　　　//设置要连接的数据库的名称

9.　　//使用构造方法创建连接并选择数据库

10.　$mysqli= new mysqli（$servername, $username, $password, $dbname, '3306'）;

11.　// 检测连接

12.　if （$mysqli->connect_error） {

13.　　　die（"连接失败，出错信息为： " . $mysqli->connect_error）;

14.　}

15.　$mysqli->query（"set names utf8"）;　　//告知 MySQL 服务器使用 utf8 编码进行通信

16.　echo "连接成功！ ";

4.1.4　拓展任务：连接员工数据库

编写 db_emp_conn.php 文件，该文件负责连接员工数据库。

设计思路如下：

（1）在 MySQL 中创建员工数据库 db_emp。

（2）在 db_emp 中创建员工信息表 tb_emp，该表用于保存员工的详细信息。

（3）向员工表中添加数据，用于测试员工信息展示功能。

（4）为了让 PHP 能够操作 mysqli 数据库，因此在 php.ini 配置文件中开启 mysqli 扩展。

（5）新建 db_emp_conn.php 文件。

（6）通过 mysqli 扩展提供的构造方法创建连接并选择数据库 db_emp。

（7）设置字符集，用于指定字符集。

任务 4.2　显 示 留 言 信 息

4.2.1　任务分析

在留言板项目中，显示用户的留言信息是最基本的功能。在项目 3，我们已经创建了数据库 db_bbs，并且在数据库中创建了存储用户留言的数据表 t_message。在本项目，要求将 t_message 的数据显示出来，留言板首页效果如图 4.2 所示。

图 4.2　留言板首页效果

本书已提供了留言板的静态页面，本节任务需要在静态页面的基础上，完成留言列表的显示和统计留言数。

4.2.2　设计思路

（1）进行数据库连接。

（2）编写 SQL 查询语句，在 mysqli 中使用 query( )方法来执行 SQL 语句，取得结果集。

（3）在 mysqli 扩展中，使用 MySQLi_RESULT 类提供了常用处理结果集方法 fetch_array( )处理结果集，然后保存到数组中。

（4）创建视图文件，将留言信息显示到页面中。

4.2.3　知识点分析

1. 执行 SQL 语句

连接并选择数据库后，就可以进行数据库的具体操作了，例如执行 SQL 语句，处理结果集，释放资源并关闭连接，下面分别介绍使用 mysqli 扩展如何实现这些功能。

在 mysqli 中使用 query( )方法来执行 SQL 语句，具体声明方式如下：

mixed mysqli∷query（string $query [, int $resultmode = MYSQLI_STORE_RESULT]）

在上述声明中，参数$query 表示要执行的 SQL 语句，$resultmode 是可选参数。需要注意的是，该方法仅在成功执行 SELECT、SHOW、DESCRIBE 或 EXPLAIN 语句时会返回一个 mysqli_result 对象，而其他查询语句执行成功时返回 TRUE，失败返回 FALSE。

2. 处理结果集

在 mysqli 扩展中，MySQLi_RESULT 类提供了常用处理结果集的属性和方法，见表 4.1。

表 4.1　　　　　　　　　　　常见处理结果集的属性和方法

面向对象接口	面向过程接口	描　　述	备注
mysqli_result->num_rows	mysqli_num_rows( )	获取结果中行的数量	属性
mysqli_result->fetch_all( )	mysqli_fetch_all( )	获取所有的结果并以关联数据，数值索引数组，或两者皆有的方式返回	方法
mysqli_result->fetch_array( )	mysqli_fetch_array( )	获取一行结果，并以关联数组，数值索引返回	方法
mysqli_result->fetch_assoc( )	mysqli_fetch_assoc( )	获取一行结果并以关联数组返回	方法
mysqli_result->fetch_fields( )	mysqli_fetch_field( )	返回一个代表结果集字段的对象数组	方法
mysqli_result->fetch_object( )	mysqli_fetch_object( )	以一个对象的方式返回一个结果集中的当前行	方法
mysqli_result->fetch_row( )	mysqli_fetch_row( )	以一个枚举数组方式返回一行结果	方法

表 4.1 中列举了常用的处理结果集的属性和方法，下面具体介绍 num_rows( )属性、fetch_all( )方法、fetch_array( )方法、fetch_assoc( )方法和 fetch_row( )方法。

（1）num_rows( )属性。

该属性的作用是，返回结果集中行的数量。mysqli_num_row( )的参数描述见表 4.2。

面向对象语法：

int $mysqli_result->num_rows;

过程化语法：

int mysqli_num_rows（mysqli_result $result）

表 4.2　　　　　　　　　　　**mysqli_num_row( )的参数描述**

参数	描　　述
result	必需。规定由 mysqli_query( )、mysqli_store_result( ) 或 mysqli_use_result( ) 返回的结果集标识符。

下面举例说明 num_row( )属性的两种使用方法。具体如［例 4.3］和［例 4.4］所示。

【例 4.3】 使用面向对象语法查询留言表留言的数目。

1.   <? php
2.   header（"Content-Type：text/html；charset=utf-8"）;
3.   //连接并选择数据库
4. $mysqli = new mysqli（'localhost', 'root', '', 'db_bbs'）;
5.   //判断是否有错误
6.   if（$mysqli->connect_errno）{
7.   //输出错误代码并退出当前脚本
8.   die（"连接失败：%s\n".$mysqli->connect_error）;
9.   }
10. $mysqli->query（'set names utf8'）;
11.   //执行 SQL 语句
12. $sql = "select * from t_message";
13. $result =$mysqli->query（$sql）;
14.   //输出结果中行的数量
15.   echo '结果集中总的记录数：'.$result->num_rows.'个<hr>';

【例 4.4】 使用面向过程化语法查询留言表留言的数目。

1.   <? php
2.   header（"Content-Type：text/html；charset=utf-8"）;
3.   //连接并选择数据库
4. $mysqli = new mysqli（'localhost', 'root', '', 'db_bbs'）;
5.   //判断是否有错误
6.   if（$mysqli->connect_errno）{
7.   //输出错误代码并退出当前脚本
8.   die（"连接失败：%s\n".$mysqli->connect_error）;
9.   }
10. $mysqli->query（'set names utf8'）;
11.   //执行 SQL 语句
12. $sql = "select * from t_message";
13. $result =$mysqli->query（$sql）;
14.   //输出结果中行的数量
15.   echo '结果集中总的记录数：'.mysqli_num_rows（$result）.'个<hr>';

［例 4.3］［例 4.4］的运行效果是一样的。查询留言表的记录数运行效果如图 4.3 所示。

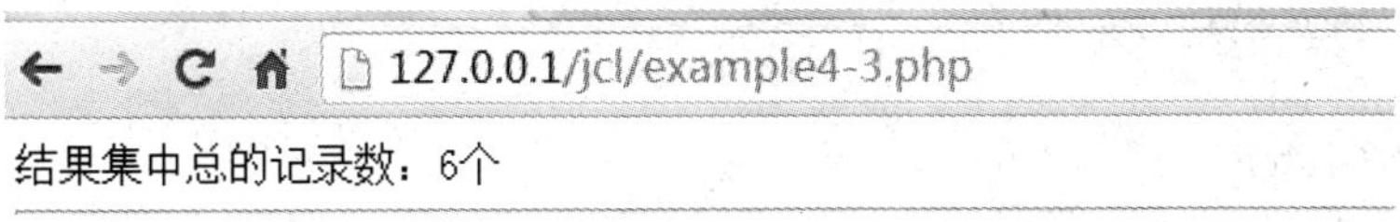

> ← → C ⌂ □ 127.0.0.1/jcl/example4-3.php
>
> 结果集中总的记录数：6个

图 4.3 查询留言表的记录数运行效果

（2）fetch_all( )方法。

该方法的作用：从结果集中取得所有行作为关联数组或数值索引数组，或二者兼有。

mysqli_fetch_all( )的参数描述见表 4.3。具体如［例 4.5］所示。

面向对象语法：

mixed mysqli_result∷fetch_all　（[int $resulttype = MYSQLI_NUM]）

过程化语法：

mixed mysqli_fetch_all（mysqli_result $result [，int $resulttype = MYSQLI_NUM]）

表 4.3　　　　　　　　　　　　　**mysqli_fetch_all( )的参数描述**

参数	描　　述
result	必需。规定由 mysqli_query( )、mysqli_store_result( ) 或 mysqli_use_result( ) 返回的结果集标识符。
resulttype	可选。规定应该产生哪种类型的数组。可以是以下值中的一个： MYSQLI_ASSOC、MYSQLI_NUM（默认值）、MYSQLI_BOTH

【例 4.5】　使用 fetch_all 面向对象语法查询显示留言内容。

本例要显示的是数据库 db_bbs 中 t_message 表的内容。

```
1.    <? php
2.    header（"Content-Type：text/html；charset=utf-8"）;
3.    //连接并选择数据库
4.    $mysqli = new mysqli（'localhost', 'root', '', 'db_bbs'）;
5.    //判断是否有错误
6.    if（$mysqli->connect_errno）{
7.    //输出错误代码并退出当前脚本
8.    die（"连接失败：%s\n".$mysqli->connect_error）;
9.    }
10.   $mysqli->query（'set names utf8'）;
11.   //执行 SQL 语句
12.   $sql = "select * from t_message";
13.   $result =$mysqli->query（$sql）;
14.   //输出结果中行的数量
15.   echo '结果集中总的记录数：'.$result->num_rows.'个<hr>';
16.   //使用 fetch_all( )处理结果集
17.   $rows = $result->fetch_all（MYSQLI_ASSOC）;
18.   foreach　（$rows as $key => $row）{
19.       echo $row['username'].'    '. $row['message'].'<br>';
20.   }
21.   // 释放结果集资源
22.   $result->free（）;
23.   //关闭数据库连接
24.   $mysqli->close（）;
```

fetch_all 面向过程化的语法，只需要将 17 行代码改为：

```
1.    $rows=mysqli_fetch_all（$result，MYSQLI_ASSOC）;
```

就可以达到一样的效果。使用 fetch_all 显示留言运行效果如图 4.4 所示。

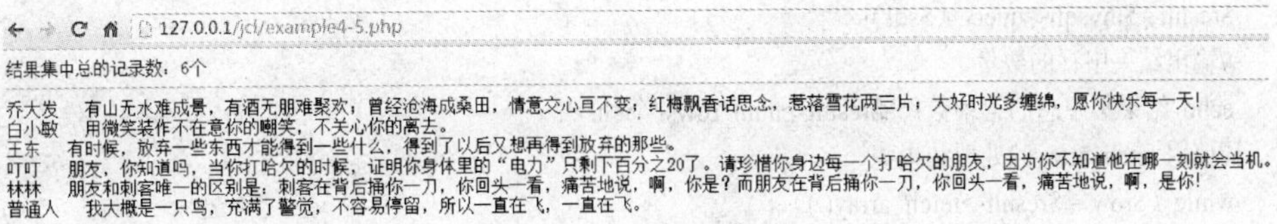

图 4.4　使用 fetch_all 显示留言运行效果

（3）fetch_array( )方法。

该方法的作用：获取一行结果，并以关联数组，数值索引数组返回。与 fetch_all 不同，每次执行一次将获得一条数据，并且资源集中的指针自动下移一位，如果要取有所有数组，要结合使用 while 循环。mysqli_fetch_array( )的参数描述见表 4.4。

面向对象语法：

mixed mysqli_result∷fetch_array（[int $resulttype = MYSQLI_BOTH]）

过程化语法：

mixed mysqli_fetch_array（mysqli_result $result [, int $resulttype = MYSQLI_BOTH]）

表 4.4　　　　　　　　　　　mysqli_fetch_array( )的参数描述

参数	描　　　述
result	必需。规定由 mysqli_query()、mysqli_store_result() 或 mysqli_use_result() 返回的结果集标识符。
resulttype	可选。规定应该产生哪种类型的数组。可以是以下值中的一个： MYSQLI_ASSOC、MYSQLI_NUM、MYSQLI_BOTH（默认值）

该方法可以同时返回索引数组和关联数组，因此该方法提供了一个可选参数 $result_type，其值可以是 MYSQL_BOTH（默认参数）、MYSQLI_ASSOC、MYSQLI_NUM 中的一种。其中，MYSQL_ASSOC 只得到关联数组如 fetch_assoc( )，MYSQL_NUM 只得到数字索引数组如 fetch_row( )。具体如［例 4.6］所示。

【例 4.6】　使用 fetch_array 面向对象语法查询显示留言内容。

本例要显示的是数据库 db_bbs 中 t_message 表的内容。运行结果与［例 4.5］一致，如图 4.4 所示。

```php
1.    <? php
2.    header（"Content-Type：text/html；charset=utf-8"）;
3.    //连接并选择数据库
4.    $mysqli = new mysqli（'localhost', 'root', '', 'db_bbs'）;
5.    //判断是否有错误
6.    if（$mysqli->connect_errno）{
7.    //输出错误代码并退出当前脚本
8.    die（"连接失败：%s\n".$mysqli->connect_error）;
9.    }
10.   $mysqli->query（'set names utf8'）;
11.   //执行 SQL 语句
12.   $sql = "select * from t_message";
```

13.　　$result =$mysqli->query（$sql）；
14.　　//输出结果中行的数量
15.　　echo '结果集中总的记录数：'.$result->num_rows.'个<hr>'；
16.　　//使用 fetch_array（)处理结果集
17.　　while（$row = $result->fetch_array（））{
18.　　echo $row['username'].'   '. $row['message'].'
'；
19.　　}
20.　　// 释放结果集资源
21.　　$result->free（）；
22.　　//关闭数据库连接
23.　　$mysqli ->close（）；

fetch_all 面向过程化的语法，只需要将 17 行代码改为以下语句即可。

1.　　while（$row=mysqli_fetch_array（$result））{；

在例子中，查询结果返回的是一个 mysqli_result 对象，通过调用此对象的 num_rows 属性可以获取结果中的记录数，fetch_array( )方法默认情况下返回关联和数值索引数组，其用法如 17～18 行代码所示。

（4）fetch_assoc( )方法和 fetch_row( )方法。

fetch_assoc 方法、fetch_row 方法与 fetch_array 方法类似，fetch_assoc 方法是从结果集中读取一条数据，以数值索引数组的形式返回，fetch_assoc 方法是从结果集中读取一条数据，以关联数组的形式返回。

需要注意的是，在使用 mysqli 的面向对象语法时，一定要使用对象操作符即"→"调用相关的属性或方法。

3. 释放资源

所谓释放资源，指的就是清除结果集和关闭数据库连接。

（1）mysqli_result->free_result( )。由于从数据库查询到的结果集都是加载到内存中的，因此当查询的数据十分庞大时，如果不及时释放就会占据大量的内存空间，导致服务器性能下降。而清除结果集就需要使用 MYSQLI_RESULT 对象的 free( )方法或 close( )方法和 freeresult( )方法，其面向对象声明方式如下：

void mysqli_result：: free（void）
void mysqli_result：: close（void）
void mysqli_result：: free_result（void）

过程化语法：

void mysqli_free_result（mysqli_result $result）

（2）mysqli->close( )。数据库连接也是十分宝贵的系统资源，一个数据库能够支持的连接数是有限的，而且大量数据库连接的产生，也会对数据库的性能造成一定影响。因此可以使用 MYSQLI 对象的 close 方法及时的关闭数据库连接，其面向对象声明方式如下：

bool mysqli：: close（void）

过程化语法：

bool mysqli_close（mysqli $link）

4．文件包含语句

文件包含语句会获取指定文件中存在的所有文本/代码/标记，并复制到使用包含语句的文件中。包含文件很有用，如果您需要在网站的多张页面上引用相同的 PHP、HTML 或文本的话。

PHP 中的文件包含语句不仅可以提高代码的重用性，还可以提高代码的维护和更新的效率，通常使用 include( )、include_once( )、require( )和 require_once( )函数实现文件的包括，下面以 include( )为例讲解其语法格式，其他的包含函数与此类似，具体语法格式如下：

include '完整路径文件名';

或

include　（'完整路径文件名'）;

在上述语法格式中，"完整路径文件名"指的是被包含文件所在的绝对路径或相对路径。绝对路径就是从盘符开始的路径，如 "C：/wamp/www/abc.php"。相对路径就是从当前路径开始描述的路径，假设被包含文件 abc.php 所在的路径是 C：/wamp/www，则其相对路径就是："./abc.php"。相对路径中，"./"表示当前目录，"../"表示当前目录的上级目录。

include 和 require 语句是相同的，除了错误处理方面。

（1）require 会生成致命错误（E_COMPILE_ERROR）并停止脚本。

（2）include 只生成警告（E_WARNING），并且脚本会继续。

因此，如果希望继续执行，并向用户输出结果，即使包含文件已丢失，那么请使用 include。否则，在框架、CMS 或者复杂的 PHP 应用程序编程中，请始终使用 require 向执行流引用关键文件。这有助于在某个关键文件意外丢失的情况下，提高应用程序的安全性和完整性。

include_once( )、require_once( )与 include( )和 require( )几乎是相同的，不同的是，带 once 的语句会先检查要包含的文件是否已经在该程序中的其他地方被包含过，如果有的话，就不会重复包含该文件，这样就避免同一文件被重复包含。

4.2.4　实施步骤

（1）创建 index.php 文件，该文本负责取数据库留言表信息。

（2）设计思路：index.php 中应该先使用包含文件语句 include 或 require 将负责连接数据库的 db_conn.php 包含进来，然后执行查询留言 SQL 语句，将结果存在$rowlist 数组中，最后调用视图 list_html.php 将$rowlist 数组显示出来。

（3）创建首页的视图文件 list_html.php，是留言板的静态页面代码，代码如下：

```
1.    <! DOCTYPE html>
2.    <html lang="en">
3.    <head>
4.        <meta charset="UTF-8">
5.        <title>个性留言板</title>
```

```
6.      <link href="css/index.css" rel="stylesheet" type="text/css" />
7.      <script type="text/javascript" src="js/jquery.min.js"></script>
8.      <script type="text/javascript">
9.      $（function（）{
10.         // 移到留言上可以删除，编辑--------------------------------------
11.             $（'#mian .list .onep'）.hover（function（）{
12.                 $（this）.find（'a'）.show（）;
13.                 $（this）.find（'.edit_a'）.show（）;
14.                 $（this）.find（'.content'）.addClass（'content1'）;
15.             }, function（）{
16.                 $（this）.find（'a'）.hide（）;
17.                 $（this）.find（'.edit_a'）.hide（）;
18.                 $（this）.find（'.content'）.removeClass（'content1'）;
19.             });
20.         // 留言方式的切换-------------------------------------------
21.             var c=1;
22.             $（'.close'）.click（function（event）{
23.                 if（c==1）{
24.                     $('#right').stop（）.animate（{"top": 800+'px'}, 2000）.parent（）.parent（）.find（'#bottom_out'）.stop
                        （）.animate（{"bottom":  0+'px'}, 3000）;
25.                     c=0;
26.                 }else{
27.                     $('#right').stop（）.animate（{"top": 50+'px'}, 2000）.parent（）.parent（）.find（'#bottom_out'）.stop
                        （）.animate（{"bottom": −120+'px'}, 3000）;
28.                     c=1;
29.                 }
30.             });
31.     })
32.     </script>
33.     </head>
34.     <body>
35.     <div id="top">
36.         <h1>个性留言板</h1>
37.     </div>
38.     <div id="mian_out">
39.         <div id="mian">
40.             <h2>其他人都说了什么</h2>
41.             <ul class="list">
42.                 <li class="onep">
43.                     <p class="pic"><img src="images/3.jpg" alt="" /></p>
44.                     <p class="name">adsdsss</p>
45.                     <p class="content">天天好心情                    <span>（来自火星"女侠"的留言）</span>
46.                     </p>
47.                     <a class="edit_a" href="javascript：">修改</a>
48.                     <a class="delete" href="javascript：" onclick="">删除</a>
49.                 </li>
```

```
50.            </ul>
51.        </div>
52.        <div id="right">
53.            <h2>留下你的脚步吧</h2>
54.            <form action="" method="post">
55.                <p class="one">
56.                    昵称：<input class="name" name="username" type="text" placeholder="你的名字" />
57.                    <input type="radio" name="sex" value="男" checked="checked" />男侠
58.                    <input type="radio" name="sex" value="女" />女侠
59.                </p>
60.                <p><textarea name="message" placeholder="这个人很懒，什么都没有写"></textarea></p>
61.                <p class="tow">
62.                    <input type="radio" name="imgurl" value="images/1.jpg" checked="checked" /><img src=" images/1.jpg" alt="" />
63.                    <input type="radio" name="imgurl" value="images/2.jpg" /><img src=" images/2.jpg" alt="" />
64.                    <input type="radio" name="imgurl" value="images/3.jpg" /><img src=" images/3.jpg" alt="" />
65.                    <input type="radio" name="imgurl" value="images/4.jpg" /><img src=" images/4.jpg" alt="" />
66.                </p>
67.                <p class="thr"><input class="btn" type="submit" value="提交" /></p>
68.            </form>
69.            <div class="close"></div>
70.        </div>
71.    </div>
72.    <div id="bottom_out">
73.        <div id="bottom">
74.            <form action="" method="post">
75.                <p class="one">
76.                    昵称：<input class="name" name="username" type="text" placeholder="你的名字" />
77.                    <br/><br/>
78.                    <input type="radio" name="sex" value="男" checked="checked" />男侠
79.                    <input type="radio" name="sex" value="女" />女侠
80.                </p>
81.                <p><textarea name="message" placeholder="这个人很懒，什么都没有写"></textarea></p>
82.                <p class="tow">
83.                    <input type="radio" name="imgurl" value="images/1.jpg" checked="checked" /><img src=" images/1.
                    jpg" alt="" />
84.                        <input type="radio" name="imgurl" value="images/2.jpg" /><img src=" images/2.jpg" alt="" />
85.                        <input type="radio" name="imgurl" value="images/3.jpg" /><img src=" images/3.jpg" alt="" />
86.                        <input type="radio" name="imgurl" value="images/4.jpg" /><img src=" images/4.jpg" alt="" />
87.                </p>
88.                <p class="thr"><input class="btn" type="submit" value="提交" /></p>
89.            </form>
90.            <div class="close"></div>
91.        </div>
92.    </div>
93.    </body>
94.    </html>
```

list_html.php 的运行效果如图 4.5 所示。

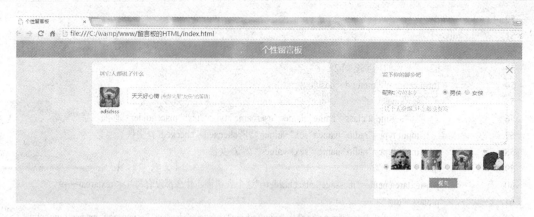

图 4.5 list_html.php 的运行效果

list_html.php 带有 JavaScript 脚本，主要是实现以下功能：

1）当鼠标停留在留言上时，出现"修改"和"删除"的按钮。list_html.php 的 JavaScript 脚本效果如图 4.6 所示。

图 4.6 list_html.php 的 JavaScript 脚本效果（1）

2）当点击右边的发表留言的右上角的关闭图标时，右边留言面版将隐藏，下方的留言面版将出现。效果如图 4.7 所示。

图 4.7 list_html.php 的 JavaScript 脚本效果（2）

（4）创建 index.php，该文件负责取留言数据，代码如下：

```
1.   <? php
2.   //本程序负责读取留言数据
3.   require（"db_conn.php"）；//将负责数据库连接的文件包含进来
4.   //执行 SQL 语句
5.   $rs=$mysqli->query（"select * from t_message    order by id desc"）；
6.   //处理结果集
7.   $num=$rs->num_rows；    //获取记录数
8.   //使用 fetch_array 来一行行获取数据
9.   while   （$row=$rs->fetch_array（））
10.  {
11.      $rowlist[]=$row；
12.  }
13.  //结果都在$rowlist 二维数组
14.  $rs->free_result（）；
15.  $mysqli->close（）；
16.  //显示在视图
17.  require（"list_html.php"）；
```

（5）index.php 中已将留言的记录数赋值给变量$num，将所有的留言数据赋值给二维数组$rowlist，接下来要修改视图文件 list_html.php，将数据显示在适合的地方。

（6）分析 index.php，以下代码处是显示留言的 html 代码。

```
1.   <div id="mian">
2.       <h2>其他人都说了什么</h2>
3.           <ul class="list">
4.               <li class="onep">
5.                   <p class="pic"><img src="images/3.jpg" alt="" /></p>
6.                   <p class="name">adsdsss</p>
7.                   <p class="content">天天好心情<span> （来自火星"女侠"的留言）</span></p>
8.   <a class="edit_a" href="javascript：">修改</a>
9.   <a class="delete" href="javascript：" onclick="if（confirm（'确定删除吗？'））  location.href='#'">删除</a>
10.              </li>
11.          </ul>
12.  </div>
```

第 4 行到第 10 行是一条留言，这里需要进行循环输出；第 5 行需要输出头像，第 6 行需要输出留言和性别。分析后，将代码修改如下：

```
1.   <div id="mian">
2.       <h2>一共有<? php echo $num；    ? >条留言</h2>
3.           <ul class="list">
4.               <? php foreach（$rowlist as $v）
5.                   {
6.                   ? >
7.                   <li class="onep">
```

8.　　　　　　　`<p class="pic"><img src="<? php echo $v['imgurl'] ? >" alt="" /></p>`

9.　　　　　　　`<p class="name"><? php echo $v['username'] ? ></p>`

10.　　　　　　　`<p class="content"><? php echo $v['message'] ? ><span>（来自火星"<? php echo $v['sex']? >侠"的留言）</span>`

11.　　　　　　　`</p>`

12.　　`<a class="edit_a" href="#">修改</a>`

13.　　`<a class="delete" href="javascript："onclick="if（confirm（'确定删除吗？'）) location.href='#" >删除</a>`

14.　　`</li>`

15.　　`<? php`

16.　　　　`}`

17.　　　`? >`

18.　　`</ul>`

19.　　`</div>`

（7）修改 list_html.php 后，重新运行 index.php，留言数据显示界面如图 4.8 所示。

图 4.8　留言数据显示界面

4.2.5　拓展任务：读取员工信息

仿照留言显示代码，将员工表中的信息显示如图 4.9 所示。

设计思路：

（1）创建 index.php 文件，该文件负责读取员工信息。

（2）使用 require 或 include 将数据库连接文件 db_emp_conn.php 包含进来。

（3）编写 SQL 查询语句，在 mysqli 中使用 query()方法来执行 SQL 语句，取得结果集。

ID	姓名	所属部门	头像	出生日期	入职时间	相关操作
1	张三	市场部		2008-04-03 13:33:00	2014-09-22 17:53:00	编辑　删除
2	李四	开发部		2008-04-03 13:33:00	2013-10-24 17:53:00	编辑　删除
3	王五	媒体部		2008-04-03 13:33:00	2015-04-21 13:33:00	编辑　删除
4	赵六	销售部		2008-04-03 13:33:00	2015-03-20 17:54:00	编辑　删除

图 4.9　员工信息显示界面

（4）在 mysqli 扩展中，使用 MySQLi_RESULT 类提供了常用处理结果集方法 fetch_array( )处理结果集，然后保存到数组中。

（5）创建视图文件，将处理后的员工信息显示到页面中。

任务 4.3　发　表　留　言

4.3.1　任务分析

在留言板中，客户的留言信息通过表单元素录入，并提交给后台服务器处理、保存。该任务主要完成用户录入数据并提交，在服务器端获取用户输入数据，然后保存到数据库中。

4.3.2　知识点分析

1. HTTP 协议

超文本传送协议（HTTP—Hypertext Transfer Protocol），是互联网上应用最为广泛的一种网络协议。所有的网页文件都必须遵守这个标准。设计 HTTP 最初的目的是为了提供一种发布和接收 HTML 页面的方法。

HTTP 遵循请求（Request）/响应（Response）模型。Web 浏览器向 Web 服务器发送请求，Web 服务器处理请求并返回适当的响应。HTTP 协议永远都是客户端发起请求，服务器回送响应，如图 4.10 所示，这样就限制了使用 HTTP 协议，无法实现在客户端没有发起请求的时候，服务器将消息推送给客户端。HTTP 协议是一个无状态的协议，同一个客户端的这次请求和上次请求是没有对应关系。

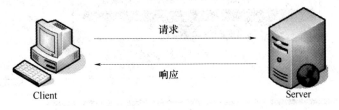

请求

响应

Client　　　　　　　　　　　　　　　Server

图 4.10　HTTP 的请求响应模型

一个 http 请求主要由请求头信息和可能包含一些数据或参数的主体部分组成。

一个 http 响应通常包含响应头信息和返回页面的 html 标记。

对于普通用户而言，用户在浏览网页的时候看到的只是网页中的 DOM 结构，也就是网页中的一些 HTML 标签元素，至于我们发送给网站的信息，和网站返回的 HTTP 信息一般情况下我们是无法看到的。请求信息和响应信息都是不可见的，但对于 Web 开发者而言，目前主流的浏览器提供了开发者工具，通过这类工具可以查看 HTTP 信息。以 Chrome 浏览器为例，具体的启动方法为点击工具栏中的开发者工具按钮，或者按 F12 来启动开发者工具窗口，如图 4.11 所示。Chrome 开发人员工具界面如图 4.12 所示。

图 4.11　Chrome 启动开发人员工具方法

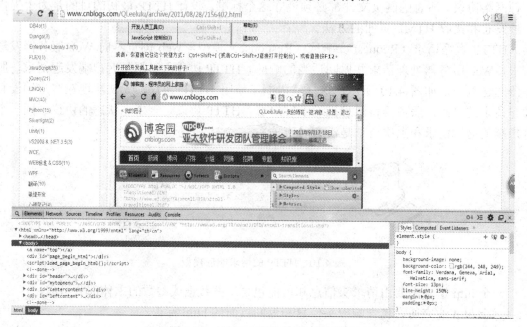

图 4.12　Chrome 开发人员工具界面

Network 标签页对于分析网站请求的网络情况、查看某一请求的 HTTP 请求头、HTTP 响应头、HTTP 返回的内容很有用，特别是在查看 Ajax 类请求的时候，非常有帮助。注意是在打开 Chrome 开发者工具后发起的请求，才会在这里显示。Network 标签页如图 4.13 所示。

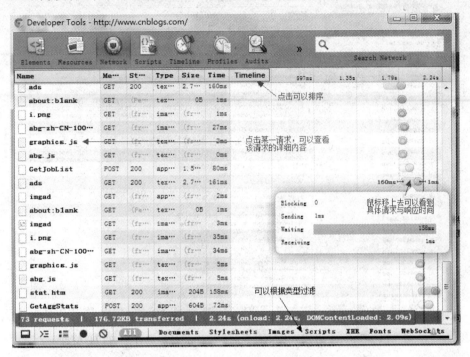

图 4.13　Chrome 开发人员工具界面 Network 标签页

　　点击左侧某一个具体去请求 URL，可以看到该请求的详细 HTTP 请求情况，如图 4.14 所示。在这里看到 HTTP 请求头、HTTP 响应头、HTTP 返回的内容等信息，对于开发、调试，都是非常有用的。

　　2．HTTP 请求方式

　　Http 协议定义了很多与服务器交互的方法，最基本的有 4 种，分别是 GET、POST、PUT、DELETE. 一个 URL 地址用于描述一个网络上的资源，而 HTTP 中的 GET、POST、PUT、DELETE 就对应着对这个资源的查、改、增、删 4 个操作。我们最常见的就是 GET 和 POST 了。GET 一般用于获取/查询资源信息，而 POST 一般用于更新资源信息。接下来对这 GET 和 POST 请求方式进行详细讲解。

　　（1）GET 方式。GET 方法是默认的 HTTP 请求方法，我们日常用 GET 方法来提交表单数据，用 GET 方法提交的表单数据只经过了简单的编码，同时它将作为 URL 的一部分向 Web 服务器发送，例如：

　　Http：//127.0.0.1/login.php？name=Tom&age=30

　　从上面的 URL 请求中，很容易就可以辨认出表单提交的内容。"？"后面的内容就是参数信息。参数是由"参数名"和"参数值"两部分组成的，例如，"name=Tom"的参数名为"name"，参数值为"Tom"。多个参数之间用"&"符号分隔。

图 4.14 Chrome 开发人员工具界面 Network 标签页详细 HTTP 信息

使用 GET 方法来提交表单数据，由于数据会显示在地址栏的 URL 中，有安全隐患。另外由于 GET 方法提交的数据是作为 URL 请求的一部分所以提交的数据量不能太大。

> **注意**：使用 GET 方式发送表单，URL 的长度应该限制在 1MB 字符以内，如果发送的数据量太大，数据将被截断，从而导致意外或失败的处理结果。

（2）POST 方式。POST 方法是 GET 方法的一个替代方法，它主要是向 Web 服务器提交表单数据，尤其是大批量的数据。POST 方法克服了 GET 方法的一些缺点。通过 POST 方法提交表单数据时，数据不是作为 URL 请求的一部分而是作为标准数据传送给 Web 服务器，这就克服了 GET 方法中的信息无法保密和数据量太小的缺点。因此，出于安全的考虑以及对用户隐私的尊重，通常表单提交时采用 POST 方法。

需要使用 POST 方式发送数据时，可以通过 Web 表单指定请求方式。

```
<form method=" post" >
……
</form>
```

以上代码中，<form>标签的 method 属性用于指定表单提交时使用哪种请求方式。另外，省略 method 属性时，表单默认使用 GET 方式提交。

对于普通用户而言，以 POST 方式发送的数据是不可见的，而对于 Web 开发者而言，可通过浏览器的开发者工具查看，如图 4.15 所示。

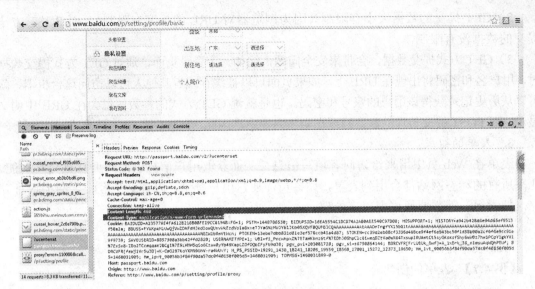

图 4.15 查看 POST 发送的数据（1）

从图 4.15 中可以看出，通过 POST 方式发送数据时，Content-Type 会设置为 "application/x-www-form-urlencoded"，Content-Length 为内容的长度。展开 "Form Data"，可查看具体提交的数据，以 POST 方式发送的数据也是分为参数名和参数值，如图 4.16 所示。

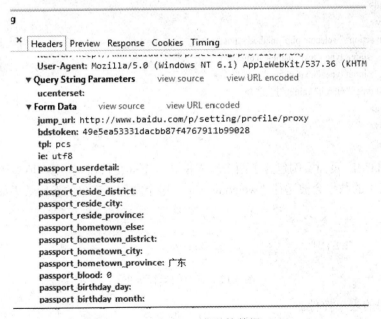

图 4.16 查看 POST 发送的数据（2）

（3）GET 和 POST 的区别。

1）GET 提交的数据会放在 URL 之后，以问号（？）分割 URL 和传输数据，参数之间以&相连，如 EditPosts.php？name=test&id=123456；POST 方法是把提交的数据放在 HTTP 包的 Body 中。

2）GET 提交的数据大小有限制（因为浏览器对 URL 的长度有限制），而 POST 方法提交的数据没有限制。

3）GET 方式提交数据，会带来安全问题，比如一个登录页面，通过 GET 方式提交数据时，用户名和密码将出现在 URL 上，如果页面可以被缓存或者其他人可以访问这台机器，就可以从历史记录获得该用户的账号和密码。也是就说 GET 方式的参数信息会在 URL 中明文显示，而 POST 提交传递的参数隐藏在实体内容中，因此，POST 比 GET 请求方式更安全。

3．表单的组成

表单在 Web 页中用来给访问者填写信息，从而获取用户信息，使网页具有交互功能。几乎所有的动态网站都会用到表单，如会员注册，用户登录，办理业务登记，网上银行开户，搜索等，都需要通过表单来处理。

（1）表单的创建。

Web 表单是通过<form>标记来创建的。具体如［例 4.7］所示。

【例 4.7】　表单的创建。

```
1.   <! DOCTYPE html>
2.   <html lang="en">
3.   <head>
4.   <meta charset="UTF-8">
5.   <title>个人信息填写</title>
6.   </head>
7.   <body>
8.   <form action="welcome.php" method="post">
9.   姓名：<input type="text" name="name" />
10.  年龄：<input type="text" name="age" />
11.  <input type="submit" value="提交" />
12.  </form>
13.  </body>
14.  </html>
```

上面的 HTML 页面实例包含了两个输入框和一个提交按钮。当用户填写该表单并单击提交按钮时，表单的数据会被送往"welcome.php"这个文件。表单的运行效果如图 4.17 所示。

图 4.17　表单的运行效果

（2）常用的表单控件。

在 html 表单控件中，除了文本框，还有单选按钮、下拉菜单和复选框等控件，用于满足表单中的各种填写需求。下面举例说明这几种类型的表单控件的使用。

1）单选按钮的使用。

```
1.   <input type="radio" name="gender" value="男" />
2.   <input type="radio" name="gender" value="女" />
```

对于一组单选按钮，由于同一组中的单选按钮具有相斥功能，所以必须具有相同的 name 属性和不同的 value 属性。以上代码为例，当提交表单时，如果选中了单选按钮中的"女"一项，则提交的数据为"gender=女"，如果两个单选按钮都没有被选中，则不会提交 gender 数据。

2）复选框的使用。

```
1.    <input type="checkbox" name="hobby[]" value="画画" />画画
2.    <input type="checkbox" name="hobby[]" value="音乐" />音乐
3.    <input type="checkbox" name="hobby[]" value="篮球" />篮球
4.    <input type="checkbox" name="hobby[]" value="书法" />书法
```

一组复选框，可以提交多个值，因此复选框的 name 属性使用 hobby[]数组形式。以上述代码为例，当用户勾选"画画"和"书法"时，提交的 hobby 数组有两个元素；当用户没有勾选任何复选框时，表单将不会提交 hobby 数据。

3）下拉菜单的使用。

```
1.    <select name="city">
2.        <option value="南宁">南宁</option>
3.        <option value="柳州">柳州</option>
4.        <option value="桂林">桂林</option>
5.        <option value="北海">北海</option>
6.    </select>
```

下拉菜单，它提供了有限的选项，用户只能选择下拉菜单中的某一项。以上述代码为例，如果用户选择"桂林"，则提供的数据为："city=桂林"。

4. 获取表单数据

当 PHP 收到来自浏览器提交的表单后，表单中的数据会保存到预定义的超全局变量数组中。其中，通过 GET 方式发送的数据会保存到$_GET 数组中，通过 POST 方式发送的数据会保存到$_POST 数组中。

超全局变量数组$_GET 和$_POST 的使用和普通数组完全相同，接下来以$_POST 为例，讲解 PHP 如何来获取来自 POST 方式发送的数据，如［例 4.8］所示。

显示表单提交的数据如图 4.18 所示。

【例 4.8】 获取文本域的数据。

当用户填写完上面的表单并点击提交按钮时，表单的数据会被送往名为 "welcome.php" 的 PHP 文件"welcome.php" 文件要读取表单提交的数据，可编写如下代码：

> 127.0.0.1/jcl/welcome.php
>
> 欢迎您！ 小东！
> 您的年龄是 30 岁！

图 4.18 显示表单提交的数据

```
1.    <! DOCTYPE html>
2.    <html lang="en">
3.    <head>
4.        <meta charset="UTF-8">
5.        <title>接收个人信息</title>
6.    </head>
```

```
7.      <body>
8.      欢迎您！<? php echo $_POST["name"]；  ? >！<br>
9.      您的年龄是 <? php echo $_POST["age"]；  ? > 岁！<br>
10.     </body>
11.     </html>
```

上述代码中，$_POST["name"]中的 name 是表单中所对应的 input 标签的 name 属性的值，因此，在对表单元素命名时，注意不要出现重名的情况，以避免在获取属性值时出错。具体如［例 4.9］和［例 4.10］所示。

【例 4.9】　获取单选按钮的数据。

表单的代码如下：

```
1.      <! DOCTYPE html>
2.      <html lang="en">
3.      <head>
4.      <meta charset="UTF-8">
5.      <title>个人信息填写</title>
6.      </head>
7.      <body>
8.      <form action="welcome.php" method="post">
9.      姓名：  <input type="text" name="name" />
10.     年龄：  <input type="text" name="age" />
11.     <input type="radio" name="gender" value="男" />
12.     <input type="radio" name="gender" value="女" />
13.     <input type="submit" value="提交" />
14.     </form>
15.     </body>
16.     </html>
```

获取表单提交的代码如下：

```
1.      <! DOCTYPE html>
2.      <html lang="en">
3.      <head>
4.          <meta charset="UTF-8">
5.          <title>接收单选按钮信息</title>
6.      </head>
7.      <body>
8.      你的性别是<? php echo $_POST["gender"]；  ? >！<br>
9.      </body>
10.     </html>
```

【例 4.10】　获取复选框的数据。

表单代码如下：

```
1.      <! DOCTYPE html>
2.      <html lang="en">
3.      <head>
4.      <meta charset="UTF-8">
```

5.   <title>个人信息填写</title>

6.   </head>

7.   <body>

8.   <form action="welcome.php" method="post">

9.   姓名：<input type="text" name="name" />

10. 年龄：<input type="text" name="age" />

11. <input type="radio" name="gender" value="男" />男

12. <input type="radio" name="gender" value="女" />女

13. <input type="checkbox" name="hobby[]" value="画画" />画画

14. <input type="checkbox" name="hobby[]" value="音乐" />音乐

15. <input type="checkbox" name="hobby[]" value="篮球" />篮球

16. <input type="checkbox" name="hobby[]" value="书法" />书法

17. <input type="submit" value="提交" />

18. </form>

19. </body>

20. </html>

获取表单提交的代码如下：

1.   <! DOCTYPE html>

2.   <html lang="en">

3.   <head>

4.   <meta charset="UTF-8">

5.   <title>接收复选框信息</title>

6.   </head>

7.   <body>

8.   您的爱好有：

9.   <? php

10. foreach（$_POST["hobby"] as $v）

11. {

12.   echo $v;

13. }

14. ? >

15. </body>

16. </html>

以上代码可以显示复选框中用户的选择，由于选择是多个，所以需要循环进行显示。

5. 页面跳转

PHP 中经常需要从一个页面重定向到另外一个页面，实现页面的跳转，有以下几种方法：

（1）使用 PHP 自带函数。

Header（"Location：网址 "）；

注意：

☑   location 和 "："号间不能有空格，否则不会跳转。

☑   在用 header 前不能有任何的输出。

☑   header 后的 PHP 代码还会被执行。

（2）利用 Javascript 语言。

```
echo "<script language='javascript'>";
echo "location='网址 '; ";
echo "</script>";
```

4.3.3　实施步骤

（1）设计思路：修改 list_html.php 中表单的提交地址为 bbsAdd.php，在 bbsAdd.php 中，包含 db_conn 文件进行数据库连接，获取表单提交的数据，构造发表留言的 SQL 语句，执行发表留言 SQL 语句，根据 SQL 语句的执行情况进行跳转，最后释放占用的资源。

（2）打开 list_html.php 文件，由于页面有两个表单可以发表留言，在 63 行处和 83 行处修改表单提交的地址为 bbsAdd.php，修改后 list_html.php 的代码如下，代码中，第 63～77 行构成了一个 form 表单。其中第 63 行代码指定了数据以 POST 方式提交给 bbsAdd.php 页面进行处理，第 63～77 行代码分别设置了 2 个文本输入框输入用户昵称和留言内容，2 个单选按钮输入用户性别和用户头像。需要注意的是，当指定<form>表单的提交方式为 POST 时，表单中具有 "name" 属性的元素会被浏览器提交，在 PHP 中可以使用超全局变量数组$_POST 取得数据。

```
1.    <! DOCTYPE html>
2.    <html lang="en">
3.    <head>
4.        <meta charset="UTF-8">
5.        <title>个性留言板</title>
6.
7.    <link href="css/index.css" rel="stylesheet" type="text/css" />
8.    <script type="text/javascript" src="js/jquery.min.js"></script>
9.    <script type="text/javascript">
10.   $（function（）{
11.
12.       // 移到留言上可以删除，编辑------------------------------------
13.       $（'#mian .list .onep'）.hover（function（）  {
14.            $（this）.find（'a'）.show（）;
15.            $（this）.find（'.edit_a'）.show（）;
16.            $（this）.find（'.content'）.addClass（'content1'）;
17.       }, function（）  {
18.            $（this）.find（'a'）.hide（）;
19.            $（this）.find（'.edit_a'）.hide（）;
20.            $（this）.find（'.content'）.removeClass（'content1'）;
21.       }）;
22.
23.      // 留言方式的切换------------------------------------------------
24.       var c=1;
25.       $（'.close'）.click（function（event）  {
26.            if（c==1）{
27.       $（'#right'）.stop（）.animate（{"top":  800+'px'}, 2000）.parent（）.parent（）.find（'#bottom_out'）.stop
         （）.animate（{"bottom": 0+'px'}, 3000）;
```

```
28.                    c=0;
29.                }else{
30.                    $('#right').stop().animate({"top": 50+'px'}, 2000).parent().parent().find('#bottom_out').stop
                       ().animate({"bottom": -120+'px'}, 3000);
31.                    c=1;
32.                }
33.            });
34.        })
35.    </script>
36.    </head>
37.    <body>
38.    <div id="top">
39.        <h1>个性留言板</h1>
40.    </div>
41.    <div id="mian_out">
42.        <div id="mian">
43.            <h2>一共有<? php echo $num;    ? >条留言</h2>
44.            <ul class="list">
45.        <? php foreach（$rowlist as $v）
46.            {
47.            ? >
48.            <li class="onep">
49.        <p class="pic"><img src="<? php echo $v['imgurl']  ? >" alt="" /></p>
50.        <p class="name"><? php echo $v['username']  ? ></p>
51.        <p class="content"> <? php echo $v['message']  ? ><span>  （来自火星"<? php echo $v['sex']? >侠"的留
            言）</span>
52.        </p>
53.        <a class="edit_a" href="">修改</a>
54.        <a class="delete" href="javascript：" onclick="" >删除</a>
55.        </li>
56.            <? php
57.            }
58.            ? >
59.            </ul>
60.    </div>
61.        <div id="right">
62.            <h2>留下你的脚步吧</h2>
63.            <form action="bbsAdd.php" method="post">
64.                <p class="one">
65.        昵称：<input class="name" name="username" type="text" placeholder="你的名字" />
66.                <input type="radio" name="sex" value="男" checked="checked" />男侠
67.                <input type="radio" name="sex" value="女" />女侠
68.                </p>
69.        <p><textarea name="message" placeholder="这个人很懒，什么都没有写"></textarea></p>
70.        <p class="tow">
71.        <input type="radio" name="imgurl" value="images/1.jpg" checked="checked" /><img src=" images/1.jpg" alt="" />
```

```
72.        <input type="radio" name="imgurl" value="images/2.jpg" /><img src=" images/2.jpg" alt="" />
73.        <input type="radio" name="imgurl" value="images/3.jpg" /><img src=" images/3.jpg" alt="" />
74.        <input type="radio" name="imgurl" value="images/4.jpg" /><img src=" images/4.jpg" alt="" />
75.            </p>
76.        <p class="thr"><input class="btn" type="submit" value="提交" /></p>
77.            </form>
78.            <div class="close"></div>
79.  </div>
80.    </div>
81. <div id="bottom_out">
82.        <div id="bottom">
83.            <form action="bbsAdd.php" method="post">
84.            <p class="one">
85.        昵称：<input class="name" name="username" type="text" placeholder="你的名字" />
86.            <br/><br/>
87.            <input type="radio" name="sex" value="男" checked="checked" />男侠
88.            <input type="radio" name="sex" value="女" />女侠
89.            </p>
90.        <p><textarea name="message" placeholder="这个人很懒，什么都没有写" ></textarea></p>
91.            <p class="tow">
92.    <input type="radio" name="imgurl" value="images/1.jpg" checked="checked" /><img src=" images/1.jpg" alt="" />
93.        <input type="radio" name="imgurl" value="images/2.jpg" /><img src=" images/2.jpg" alt="" />
94.        <input type="radio" name="imgurl" value="images/3.jpg" /><img src=" images/3.jpg" alt="" />
95.    <input type="radio" name="imgurl" value="images/4.jpg" /><img src=" images/4.jpg" alt="" />
96.            </p>
97.        <p class="thr"><input class="btn" type="submit" value="提交" /></p>
98.        </form>
99.        <div class="close"></div>
100.        </div>
101. </div>
102. </body>
103. </html>
```

（3）编写添加留言功能。创建 bbsAdd.php 文件，当判断没有表单数据提交时，显示页面 index.php，当有表单数据提交时，对数据进行处理后添加到数据库中。具体代码如下：

```php
1.    <? php
2.    //发表留言数据
3.    require（"db_conn.php"）;
4.    //判断是否有表单提交
5.    if（! empty（$_POST）） {
6.        //获取用户的留言信息
7.        $username=$_POST['username'];
8.        $message=$_POST['message'];
9.        $sex=$_POST['sex'];
10.        $imgurl=$_POST['imgurl'];
11.        //构造 insert 语句
```

```
12.      $sql="insert into t_message（username，message，sex，imgurl）values（'$username'，'$message'，'$sex'，'$imgurl'）";
13.      $rs=$mysqli->query（$sql）;
14.      if（$rs）
15.          {
16.              echo "<script language='javascript' type='text/javascript'>";
17.              echo "alert（'留言成功'）；";
18.              echo "window.location.href='index.php'；";
19.              echo "</script>";
20.              exit;
21.          }
22.      else
23.          {
24.              echo "留言失败！";
25.              exit;
26.          }
27.      }
28. else
29. {  //没有表单提交时，显示留言列表页
30.      header（"Location：index.php"）;
31. }
```

上述代码中，第 3 行用来引入公共的连接库连接文件，获取数据库连接。然后在第 5 行判断是否有 POST 数据提交，如果没有则执行第 30 行代码，用来显示留言列表页面。如果有 POST 数据提交，则需要对数据进行处理。在本例中没有考虑数据库安全性过滤，第 7 到 10 行，获取表单提交的数据，构造 insert 语句，最后在第 13 行执行这个 SQL 语句，如果成功则返回到 index.php，并停止脚本的继续执行。如果失败则直接停止脚本执行，并报告错误。留言发表界面如图 4.19 所示。

图 4.19 留言发表界面

此时就可以输入要添加的留言数据，下面添加一组测试数据，如图 4.20 所示。

完成留言信息录入后，点击"提交"按钮，将执行添加，添加成功将提示"留言成功"然后跳转到留言列表页面，如图 4.21 所示。

图 4.20　填写留言界面

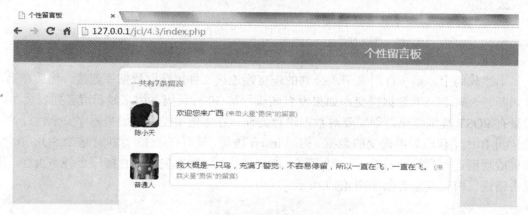

图 4.21　留言成功后跳转

4.3.4　拓展任务：添加员工

设计思路：

（1）修改 list_html.php 文件，增加"添加员工"的功能链接，如图 4.22 所示。

员工信息列表

快速查询：　　　　　　　　　　提交　　　　　　　　　　　　　　　添加员工

ID	姓名	头像	所属部门	出生日期	入职时间	相关操作
1	张三		市场部	2008-04-03 13:33:00	2014-09-22 17:53:00	编辑　删除
2	李四		开发部	2008-04-03 13:33:00	2013-10-24 17:53:00	编辑　删除
3	王五		媒体部	2008-04-03 13:33:00	2015-04-21 13:33:00	编辑　删除
4	赵六		销售部	2008-04-03 13:33:00	2015-03-20 17:54:00	编辑　删除

图 4.22　增加"添加员工"链接

（2）编写员工添加页面，通过表单让用户输入新员工信息，如图 4.23 所示。

图 4.23 添加员工信息界面

（3）编写添加员工功能 empAdd.php，用来处理 POST 提交的员工数据并组成 SQL 语句以便添加员工信息。

任 务 4.4 删 除 与 编 辑 留 言

4.4.1 任务分析

在留言板中，客户的留言可以允许被删除与修改，由于本项目为入门项目，没有考虑权限问题，留言任意用户都可以删除和编辑。该任务主要完成删除与编辑留言信息。

4.4.2 知识点分析

1. 删除数据

删除数据之前要经过用户确认，一般使用 JavaScript 脚本实现。

```
<a href=" javascript: " onClick="if （confirm（'确定删除吗? '）） location.href='bbsDel.php' ">删除</a>
```

代码说明：单击删除的超链接后将执行 confirm( )函数，在对话框中，如果点击"确定"，函数将返回 true 值，就将页面转到<a>标签中的链接页面执行删除的页面；如果点击"取消"，函数将返回 false 值，<a>标签将不转到执行删除的页面。

2. 修改数据

修改数据实际上与添加数据类似，区别在于修改数据需要先获取到要修改的留言的信息。这可以通过"修改"的超链接来传送当前留言的 ID，再根据这个留言 ID 使用 select 语句配合 where 条件查询到这个留言的详细信息，最后把这个详细数据展示到 form 表单中。

接下来就是通过 form 表单将改动后的员工数据提交给目标文件 bbsUpdate.php，由目标文件进行安全性处理后，组合 SQL 语句到 update 语句中。与添加不同的是，update 语句需要知道修改的数据是哪一条，因此需要一个字段来确定修改的留言信息，这就是留言 ID。form 表单的 method 属性在不填写的情况下，默认会选择当前访问的地址，因此就可以把留言 ID 一并以 GET 方式提交给请求页面。

4.4.3　实施步骤

（1）删除留言设计思路：修改 list_html.php 中"留言删除"的跳转地址为 bbsDel.php，并且传递留言 ID 过去，在 bbsDel.php 中，包含 db_conn 文件进行数据库连接，获取留言 ID，构造删除留言的 SQL 语句，执行删除留言 SQL 语句，根据 SQL 语句的执行情况进行跳转，最后释放占用的资源。

（2）打开 list_html.php 文件，修改"留言删除"的跳转地址为 bbsDel.php，修改后 list_html.php 的代码如下，第 18 行代码是将留言 ID 传递到 bbsDel.php 页。

```
1.   <body>
2.   <div id="top">
3.       <h1>个性留言板</h1>
4.   </div>
5.   <div id="mian_out">
6.       <div id="mian">
7.           <h2>一共有<? php echo $num；  ? >条留言</h2>
8.           <ul class="list">
9.        <? php foreach（$rowlist as $v）
10.         {
11.         ? >
12.               <li class="onep">
13.       <p class="pic"><img src="<? php echo $v['imgurl']  ? >" alt="" /></p>
14.       <p class="name"><? php echo $v['username']  ? ></p>
15.       <p class="content"><? php echo $v['message']  ? ><span>（来自火星"<? php echo $v['sex']? >侠"的留
             言）</span>
16.       </p>
17.       <a class="edit_a" href="">修改</a>
18.       <a class="delete" href="javascript: " onclick="if（confirm（'确定删除吗？'））location.href='bbsDel.php？
            id=<? php echo $v['id']  ? >'">删除</a>
19.       </li>
20.           <? php
21.           }
22.           ? >
23.           </ul>
24.   </div>
```

（3）创建 bbsDel.php 页，代码如下：

```
1.   <? php
2.   //删除留言数据
3.   require（"db_conn.php"）;
4.   //获取地址栏留言的 id
5.   $bbsid=isset（$_GET['id']）？ $_GET['id']: 0;
6.   $sql="delete from t_message where id='$bbsid'";
7.   $rs=$mysqli->query（$sql）;
8.   if （$rs）
9.   {
```

```
10.        echo "<script language='javascript' type='text/javascript'>";
11.        echo "alert（'删除成功'）; ";
12.        echo "window.location.href='index.php'; ";
13.        echo "</script>";
14.        exit;
15.    }
16.    else
17.    {
18.        echo "删除失败！";
19.        exit;
20. }
```

第 5 行代码，$bbsid=isset（$_GET['id']）？$_GET['id']：0；使用了？运算符，指如果地址栏上没有 id 这个参数，则将 0 赋给$bbsid 变量，如果地址栏中有 id 这个参数，则变量$bbsid 的值取参数 id 的值。

（4）编辑留言设计思路：修改 list_html.php 中"留言修改"的跳转地址为 bbsUpdate.php，并且传递留言 ID 过去，在 bbsUpdate.php 中，包含 db_conn 文件进行数据库连接，获取留言 ID，获取要修改的留言进行显示，如果用户保存要修改的数据，再将数据保存到数据库里。根据 SQL 语句的执行情况进行跳转，最后释放占用的资源。

（5）首先需要修改 list_html.php 文件，为"编辑"添加超链接，具体代码如下：

```
1.    …
2.    <a class="edit_a" href="bbsUpdate.php？id=<？php echo $v['id']？>">修改</a>
3.    <a class="delete" href="javascript：" onclick="if（confirm（'确定删除吗？'））location.href='bbsDel.php？id=<？
      php echo $v['id']？>'">删除</a>
4.    …
```

在上述代码中，第 2 行就为"修改"添加了一个超链接，指向的目标地址为 bbsUpdate.php，并将当前要编辑的留言 id 一并传递给这个文件。

（6）编写留言修改页面，留言修改页面与留言添加页面类似，其区别是，留言修改页面需要将留言本身的信息显示出来。编写文件 edit_html.php，具体代码如下，编辑留言界面如图 4.24 所示。

图 4.24　编辑留言界面

```
1.    <！DOCTYPE html>
2.    <html lang="en">
3.    <head>
4.        <meta charset="UTF-8">
5.        <title>Title</title>
6.    <link href="css/index.css" rel="stylesheet" type="text/css" />
7.    </head>
8.    <body>
```

```
9.      <div id="top">
10.          <h1>留言板--编辑留言</h1>
11.     </div>
12.      <div id="right" style="width：310px；  position：fixed；  left：500px；  top：50px">
13.          <h2>留下你的脚步吧</h2>
14.          <form action="" method="post">
15.              <p class="one">
16.              昵称：<input class="name" name="username" type="text" placeholder="你的名字"   value="" />
17.              <input type="radio" name="sex" value="男" />男侠
18.               <input type="radio" name="sex" value="女" />女侠
19.              </p>
20.              <p><textarea name="message" placeholder="这个人很懒，什么都没有写" ></textarea></p>
21.
22.               <p class="tow">
23.              <input type="radio" name="imgurl" value="images/1.jpg"/>
24.              <img src=" images/1.jpg" alt="" />
25.              <input type="radio" name="imgurl" value="images/2.jpg"/>
26.              <img src=" images/2.jpg" alt="" />
27.              <input type="radio" name="imgurl" value="images/3.jpg"/>
28.              <img src=" images/3.jpg" alt="" />
29.              <input type="radio" name="imgurl" value="images/4.jpg"/>
30.               <img src=" images/4.jpg" alt="" />
31.              </p>
32.          <p class="thr"><input class="btn" type="submit" value="提交" /></p>
33.          </form>
34.          <div class="close"></div>
35.     </div>
36.     </body>
37.     </html>
```

（7）编写修改留言功能。创建 bbsUpdate.php 文件，当判断没有表单数据提交时，显示留言修改页面 edit_html.php，当有表单数据提交时，对留言数据进行处理后更新到数据库中。具体代码如下：

```
1.    <? php
2.    //本程序有两个功能   第一个功能：显示要编辑的留言   第二功能：点击提交后，把修改的数据重新填回数据库
3.    require（"db_conn.php"）;
4.    //获取地址栏留言的 id
5.    $bbsid=isset（$_GET['id']）？ $_GET['id']：0;
6.    if（empty（$_POST））
7.    { //第一个功能：没有表单提交，显示要编辑的留言
8.        $rs=$mysqli->query（"select * from t_message   where id='{$bbsid}'"）;
9.        $row=$rs->fetch_assoc（）;
10.       require（"edit_html.php"）;
11.    }
12.    else
13.    {//第二个功能：有表单提交，保存修改的信息
```

```
14.        //获取用户的留言信息
15.        $username=$_POST['username'];
16.        $message=$_POST['message'];
17.        $sex=$_POST['sex'];
18.        $imgurl=$_POST['imgurl'];
19.        $sql="update t_message set username='$username', message='$message', sex='$sex' , imgurl='$imgurl' where
             id='{$bbsid}'";
20.        $rs=$mysqli->query（$sql）;
21.        if （$rs）
22.        {
23.            echo "<script language='javascript' type='text/javascript'>";
24.            echo "alert（'修改成功'）; ";
25.            echo "window.location.href='index.php'; ";
26.            echo "</script>";
27.            exit;
28.        }
29.        else
30.        {
31.            echo "修改失败！ ";
32.            exit;
33.        }
34.    }
35. ? >
```

数据修改与数据添加在实现步骤上基本一致，唯一不同的是，在没有 POST 数据提交的时候，需要先获取到当前要编辑的留言信息，并把其展示到修改表单中。

代码第 5 行获取了当前要修改的留言 id，然后在代码第 9 行，组合 select 查询语句，根据这个留言 id 获取其详细信息。最后在第 9 行使用 fetch_assoc( )函数对获取到的结果集进行处理，数据存在$row 变量中。

（8）修改留言修改页面 edit_html.php，显示$row 中要修改留言的信息。具体代码如下，

```
1.    ...
2.    <div id="right" style="width：310px； position：fixed； left：500px； top：50px">
3.            <h2>留下你的脚步吧</h2>
4.            <form action="bbsUpdate.php？id=<? php echo $row['id'] ？>" method="post">
5.                <p class="one">
6.                昵称：<input class="name" name="username" type="text" placeholder="你的名字" value="<? php
                   echo $row['username'] ？>" />
7.
8.                <input type="radio" name="sex" value="男"
9.                <? php if （$row['sex']=='男')
10.                    echo "checked='checked'";
11.                ？>
12.
13.                />男侠
14.                <input type="radio" name="sex" value="女"
```

```
15.              <? php if （$row['sex']=='女')
16.                  echo "checked='checked'";
17.              ? >
18.              />女侠
19.           </p>
20.           <p><textarea name="message" placeholder="这个人很懒，什么都没有写"><? php echo trim
             （$row['message']） ? ></textarea></p>
21.
22.           <p class="tow">
23.              <input type="radio" name="imgurl" value="images/1.jpg"
24.           <? php if （$row['imgurl']=='images/1.jpg')
25.              echo "checked='checked'";
26.           ? >
27.           /><img src=" images/1.jpg" alt="" />
28.            <input type="radio" name="imgurl" value="images/2.jpg"
29.           <? php if （$row['imgurl']=='images/2.jpg')
30.            echo "checked='checked'";
31.           ? >
32.           /><img src=" images/2.jpg" alt="" />
33.            <input type="radio" name="imgurl" value="images/3.jpg"
34.           <? php if （$row['imgurl']=='images/3.jpg')
35.              echo "checked='checked'";
36.           ? >
37.            /><img src=" images/3.jpg" alt="" />
38.              <input type="radio" name="imgurl" value="images/4.jpg"
39.           <? php if （$row['imgurl']=='images/4.jpg')
40.              echo "checked='checked'";
41.           ? >
42.            /><img src=" images/4.jpg" alt="" />
43.           </p>
44.           <p class="thr"><input class="btn" type="submit" value="提交" /></p>
45.        </form>
46.        <div class="close"></div>
47.   </div>
48.   ...
```

此时访问 index.php 页面，并选择"普通人"这个用户的留言进行编辑，留言修改界面如图 4.25 所示。

把该留言的内容进行更改，留言改为春晓古诗内容，改变性别为"女"，改变头像为第四个头像，如图 4.26 所示。点击"提交"按钮，进行提交修改，如图 4.27 所示。

从图 4.27 可以看到，"普通人"这个用户的性别、留言内容、头像已经改变了。

4.4.4 拓展任务：删除与编辑员工

设计思路如下：

（1）修改 list_html.php 文件，修改"删除"和"编辑"的功能链接。

图 4.25　留言修改界面（1）　　　　图 4.26　留言修改界面（2）

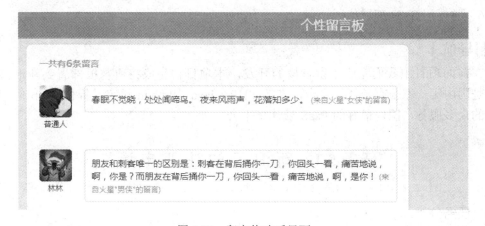

图 4.27　留言修改后界面

（2）编写员工删除功能页面 empDel.php。

（3）编写编辑员工页面 edit_html.php.

（4）编写员工编辑功能页面 empUpdate.php。

小　　结

本项目带领大家完成了一个入门项目，即使留言板的开发，实现了显示留言、发布留言、删除和编辑留言功能。在这个项目中，我们了解了 PHP 访问 MySQL 数据库的机制和步骤，掌握使用 MySQLi 扩展对 MySQL 数据库进行增、删、改、查的操作。

部 署 留 言 板

【教学目标】

1. 了解云平台的相关概念。
2. 掌握新浪云账户的注册申请。
3. 掌握新浪云云应用的创建。
4. 掌握新浪云的代码上传。
5. 掌握新浪云的代码在线编辑。
6. 掌握用 SVN 部署代码。

【项目导航】

在前面项目中我们完成了留言板的开发，本项目将完成将留言板部署到新浪云。新浪云是国内第一家公有云计算平台，支持 PHP、Java、Python 语言，提供 Web 应用开发所需的众多服务，国内最好的 PaaS 云计算平台。

任务 5.1　新浪云的注册申请

5.1.1　任务分析

云计算作为当下的热门，以其低廉的价格和易于操作的便捷性得到了很多互联网公司的认可。而今，越来越多的公司和个人站长开始使用云计算平台建立自己的网站，今天就以系列的方式，教大家如何基于 PHP 在新浪云平台（俗称：SAE）建立自己的网站！我们如何开通新浪云空间？新浪云空间支持新浪微博注册，可以先准备一个新浪微博账号。

5.1.2　实施步骤

（1）在百度输入"SAE"点击搜索，点击新浪云页面链接，如图 5.1 所示。

（2）进入新浪云计算首页页面后，如果还没有新浪微博账号，点击页面右上角的"注册"，如图 5.2 所示。

（3）进入注册页面后，注册一个新浪微博账号，如图 5.3 所示。

（4）输入准备的新浪微博账户名和密码，点击"登录"，如图 5.4 所示。

（5）选择连接，授权给新浪云计算，如图 5.5 所示。

（6）接下来就会进入注册流程中的确认身份设置页面，填写绑定的手机号、安全邮箱、安全密码等信息，如图 5.6 所示。

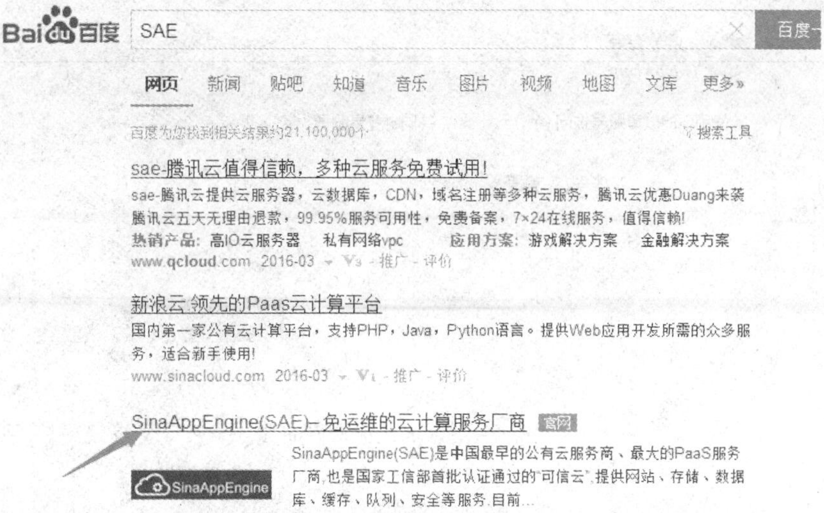

Baidu百度　SAE　　　　　　　　　　　　　　　　　　　×　百度一

网页　新闻　贴吧　知道　音乐　图片　视频　地图　文库　更多»

百度为您找到相关结果约21,100,000个　　　　　　　　　　　　▽搜索工具

sae-腾讯云值得信赖，多种云服务免费试用！
sae-腾讯云提供云服务器，云数据库，CDN，域名注册等多种云服务，腾讯云优惠Duang来袭
腾讯云五天无理由退款，99.95%服务可用性，免费备案，7×24在线服务，值得信赖!
热销产品: 高IO云服务器　　私有网络vpc　　应用方案: 游戏解决方案　　金融解决方案
www.qcloud.com 2016-03 ▽ V₃ - 推广 - 评价

新浪云 领先的Paas云计算平台
国内第一家公有云计算平台，支持PHP，Java，Python语言。提供Web应用开发所需的众多服
务，适合新手使用!
www.sinacloud.com 2016-03 ▽ V₁ - 推广 - 评价

SinaAppEngine(SAE)－ 免运维的云计算服务厂商 官网
　　　　　　　　　　SinaAppEngine(SAE)是中国最早的公有云服务商、最大的PaaS服务
　　　　　　　　　　厂商,也是国家工信部首批认证通过的"可信云",提供网站、存储、数据
SinaAppEngine　　　库、缓存、队列、安全等服务.目前...

图 5.1　百度搜索 SAE 界面

图 5.2　新浪 SAE 首页界面

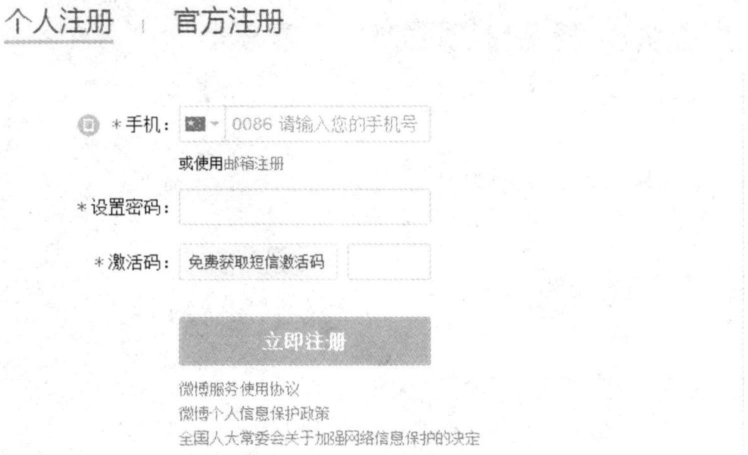

个人注册 ｜ **官方注册**

　　　📱 *手机： 🇨🇳 ▾ 0086 请输入您的手机号

　　　　　或使用邮箱注册

　*设置密码：

　*激活码： 免费获取短信激活码

　　　　　立即注册

　　　微博服务使用协议
　　　微博个人信息保护政策
　　　全国人大常委会关于加强网络信息保护的决定

图 5.3　注册新浪微博账号界面

微博
weibo.com
二维码登录 | 注册
使用你的微博账号访问 新浪云计算，并同时登录微博
账号：[redacted]@sina.com
密码：
登录
取消

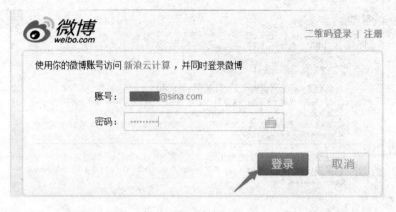

图 5.4　登录新浪云界面

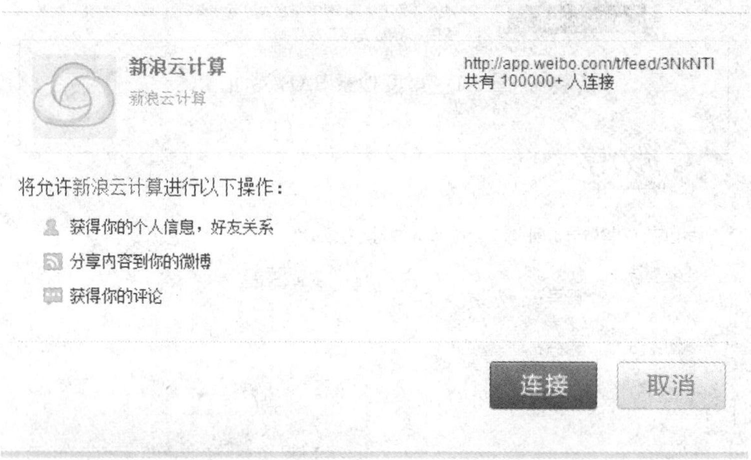
新浪云计算
新浪云计算
http://app.weibo.com/t/feed/3NkNTI
共有 100000+ 人连接
将允许新浪云计算进行以下操作：
获得你的个人信息，好友关系
分享内容到你的微博
获得你的评论
连接
取消

图 5.5　连接，授权给新浪云计算界面

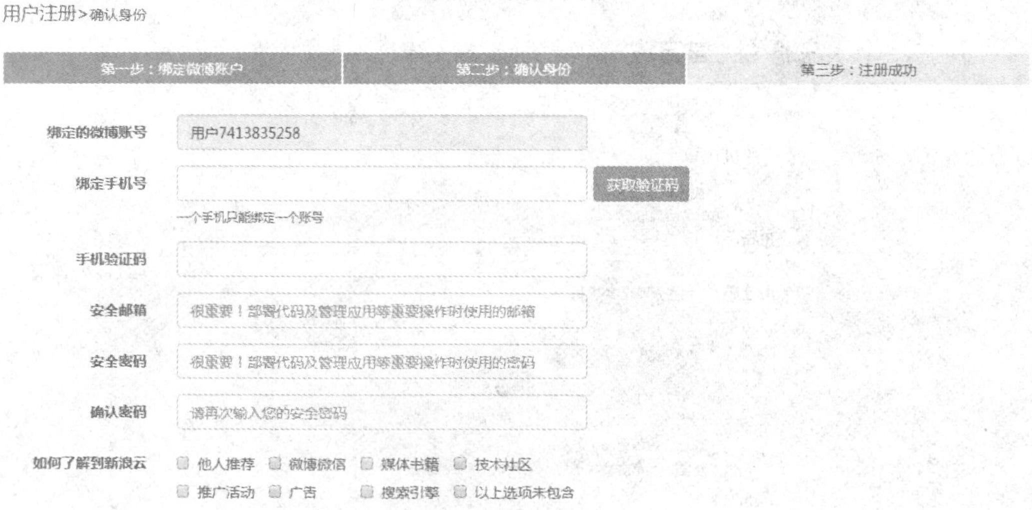
用户注册>确认身份
第一步：绑定微博账户
第二步：确认身份
第三步：注册成功
绑定的微博账号
用户7413835258
绑定手机号
获取验证码
一个手机只能绑定一个账号
手机验证码
安全邮箱
很重要！部署代码及管理应用等重要操作时使用的邮箱
安全密码
很重要！部署代码及管理应用等重要操作时使用的密码
确认密码
请再次输入您的安全密码
如何了解到新浪云
他人推荐
微博微信
媒体书籍
技术社区
推广活动
广告
搜索引擎
以上选项未包含

图 5.6　确认身份设置界面

（7）确认无误后，就会提示注册成功，我们就获得了一个免费的新浪云空间，可以马上开始创建应用了，如图 5.7 所示。

图 5.7 用户注册成功界面

（8）点击"进入用户中心"，进入我们的用户中心，会显示有多少个云豆，目前新浪云空间是采用云豆计算服务，每月会返还一些云豆，如图 5.8 所示。

图 5.8 用户中心界面

通过这一任务，我们学会了如何注册新浪云空间，接下来我们将学习一下如何创建应用。

5.1.3 知识点

1. 云平台

转向云计算（cloud computing）是业界将要面临的一个重大改变。各种云平台（cloud platforms）的出现是该转变的最重要环节之一。顾名思义，这种平台允许开发者们或是将写好的程序放在"云"里运行，或是使用"云"里提供的服务，或二者皆是。至于这种平台的名称，现在我们可以听到不止一种称呼，比如按需平台（on-demand platform）、平台即服务（platform as a service，PaaS）等等。但无论称呼它什么，这种新的支持应用的方式有着巨大的潜力。

应用平台（application platforms）是如何被使用的？开发团队在创建一个户内应用（on-premises application，即在机构内运行的应用）时，该应用所需的许多基础都已经事先存在了：操作系统为执行应用和访问存储等提供了基础支持；机构里的其他计算机提供了诸如远程存储之类的服务。

我们可以把通过"云"提供的服务分为三大类，具体如下：

（1）软件即服务（Software as a service，SaaS）：SaaS 应用是完全在"云"里（也就是说，一个 Internet 服务提供商的服务器上）运行的。其户内客户端（on-premises client）通常是一个浏览器或其他简易客户端。Salesforce 可能是当前最知名的 SaaS 应用，不过除此以外也有许多其他应用。

（2）附着服务（Attached services）：每个户内应用（on-premises application）自身都有一定功能，它们可以不时地访问"云"里针对该应用提供的服务，以增强其功能。由于这些服务仅能为该特定应用所使用，所以可以认为它们是附着于该应用的。一个著名的消费级例子就是苹果公司的 iTunes，其桌面应用可用于播放音乐等等，而附着服务令购买新的音频或视频内容成为可能。微软公司的 Exchange 托管服务是一个企业级例子，它可以为户内 Exchange 服务器增加基于"云"的垃圾邮件过滤、存档等服务。

（3）云平台（Cloud platforms）：云平台提供基于"云"的服务，供开发者创建应用时采用。不必构建自己的基础，完全可以依靠云平台来创建新的 SaaS 应用。云平台的直接用户是开发者，而不是最终用户。

要掌握云平台，首先要对这里"平台"的含义达成共识。一种普遍的想法是将平台看成"任何为开发者创建应用提供服务的软件"。

2. 新浪云平台 Sina App Engine（SAE）

新浪云平台（Sina App Engine，SAE）是由新浪公司开发和运营的开放云计算平台的核心组成部分，国内第一家公有云计算平台可以为网站开发者和 App 开发者提供稳定、快捷、透明、可控的服务化的平台，并且减少开发者的开发和维护成本。

新浪计算云平台建站，新浪免费提供空间、免费的二级域名，可以用它建博客、建团购站、建微博，开发应用功能很强大。开发者可以使用 SAE 开发托管应用，省去了很多麻烦，建站者可以使用 SAE 托管网站程序，SAE 内置的应用商店可以使你快速的一键安装多种网站程序，对于日访问量 5 万 PV 的网站，几乎不需要花钱。任何人使用 SAE 都可以零成本开始创业。

任务 5.2　新浪云应用的创建

5.2.1　任务分析

通过上一节内容，我们已经开通了新浪云平台账户，这一节继续说说如何来创建新浪云应用。

5.2.2　实施步骤

（1）登录新浪云平台，然后点击"控制台"的"云应用 SAE"，如图 5.9 所示。

（2）进入页面后，点击页面中的"创建新应用"，如图 5.10 所示。

（3）在弹出的对话框中，点击"继续创建"，如图 5.11 所示。

（4）输入二级域名、应用名称，选中应用的运行环境如图 5.12 所示，完成后点击"创建应用"。

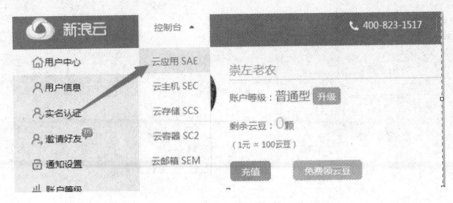

图 5.9　创建云应用 SAE 界面

图 5.10　创建新应用

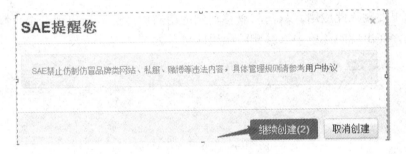

图 5.11　云应用创建警示信息界面

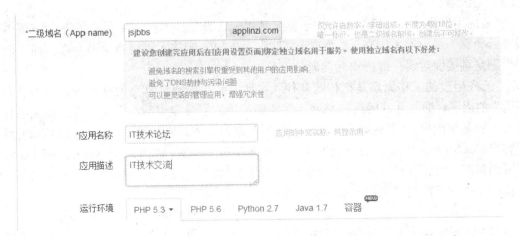

图 5.12　新建云应用信息设置界面

（5）接下来再次回到我的首页应用页面，即可看到刚才创建的应用相关信息，如图 5.13 所示。

图5.13 创建的云应用信息界面

（6）如果要删除此应用，只需将鼠移动到应用右边，然后会出现一个"操作"按钮，点击此按钮，在出现的菜单中选择删除应用即可，如图5.14所示。

图5.14 删除云应用界面

5.2.3 知识点

"云应用"是"云计算"概念的子集，是"云计算"技术在应用层的体现。"云应用"跟"云计算"最大的不同在于，"云计算"作为一种宏观技术发展概念而存在，而"云应用"则是直接面对客户解决实际问题的产品。

"云应用"的工作原理是把传统软件"本地安装、本地运算"的使用方式变为"即取即用"的服务，通过互联网或局域网连接并操控远程服务器集群，完成业务逻辑或运算任务的一种新型应用。"云应用"的主要载体为互联网技术，以瘦客户端（Thin Client）或智能客户端（Smart Client）的展现形式，其界面实质上是HTML5、Javascript，或Flash等技术的集成。"云应用"不但可以帮助用户降低IT成本，而且更能大大提高工作效率，因此传统软件向云应用转型的发展革新浪潮已经不可阻挡。

"云应用"具有"云计算"技术概念的所有特性，概括来讲分为三个方面：

（1）跨平台性。大部分的传统软件应用只能运行在单一的系统环境中，例如一些应用只能安装在Windows XP下，而对于较新的Windows7或Windows8系统，或是Windows之外的系统（如Mac-osx与Linux），又或者是当前流行的Android与iOS等智能设备操作系统来说，则不能兼容使用。在现今这个智能操作系统兴起，传统PC操作系统早已不是

Windows XP 一统天下的情况下，"云应用"的跨平台特性可以帮助用户大大降低使用成本，并提高工作效率。

（2）易用性。复杂的设置是传统软件的特色，越是强大的软件应用其设置也越复杂。而"云应用"不但完全有能力实现不输于传统软件的强大功能，更把复杂的设置变得极其简单。"云应用"不需要用户进行如传统软件一样的下载、安装等复杂部署流程，更可借助与远程服务器集群时刻同步的"云"特性，免去用户永无止境的软件更新之苦。如果云应用有任何更新，用户只需简单地操作（如刷新一下网页），便可完成升级并开始使用最新的功能。

（3）轻量性。安装众多的传统本地软件不但拖慢电脑，更带来了如隐私泄露、木马病毒等诸多安全问题。"云应用"的界面说到底是 HTML5、Javascript，或 Flash 等技术的集成，其轻量的特点首先保证了应用的流畅运行，让电脑重新健步如飞。优秀的云应用更提供了银行级的安全防护，将传统由本地木马或病毒所导致的隐私泄露、系统崩溃等风险降到最低。

任务 5.3　新浪云上传应用代码包

5.3.1　任务分析

在新浪 SAE 平台上创建好应用后，下面该如何上传应用程序代码包？下面我们来完成该项任务。

5.3.2　实施步骤

（1）登录新浪 SAE，点击控制台下的"云应用 SAE"，如图 5.15 所示。

图 5.15　进入云应用 SAE 界面

（2）找到创建的应用"留言板"，然后点击应用的名称，如图 5.16 所示。

（3）进入到应用管理页面后，点击"代码管理"，选择 SVN 代码管理，如图 5.17 所示。

图 5.16　选择云应用留言板界面

图 5.17　代码管理设置界面

（4）点击"创建版本"，按照要求，输入版本号，创建一个应用版本，如图 5.18 所示。

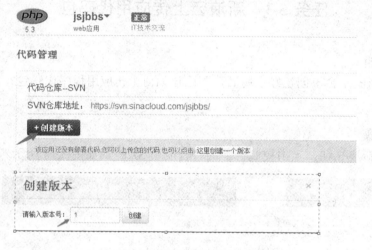

图 5.18　创建应用版本界面

（5）版本上传成功后，在默认版本 1 中选择"操作"→"上传代码包"选项，如图 5.19 所示。

（6）然后选中电脑中保存的代码包，上传即可，这里要注意一下上传代码包的格式，如图 5.20 所示。

（7）上传完成后，再次进入代码管理界面，点击"编辑代码"，如图 5.21 所示。

图 5.19　选取上传代码包界面

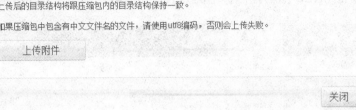

图 5.20　代码包上传界面

图 5.21　选择代码包编辑界面

（8）即可在网页编辑器中查看代码包中的代码，也可以在网页中对代码进行编辑，如图 5.22 所示。

图 5.22　查看和编辑代码包中的代码

任务 5.4　新浪云在线编辑代码

5.4.1　任务分析

在新浪云空间中，支持在线编辑代码，那么我们上传好代码包后如何在浏览器中在线编辑代码？

5.4.2 实施步骤

（1）登录新浪 SAE，点击控制台下的"云应用 SAE"，如图 5.23 所示。

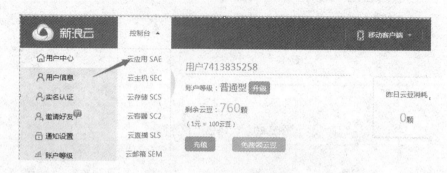

图 5.23 进入云应用 SAE 界面

（2）找到创建的应用"留言板"，然后点击应用的名称，如图 5.24 所示。

图 5.24 选择云应用留言板界面

（3）接下来点击"代码管理"，如图 5.25 所示。

图 5.25 选择代码管理界面

（4）然后在页面点击"编辑代码"，如果没有设置安全密码，会提示设置安全密码，如果已经设置过安全密码，则输入密码，点击安全认证，完成后再次回到页面点击"编辑代码"，如图 5.26 所示。

图 5.26　编辑代码选择界面

（5）即可进入代码管理页面，如图 5.27 所示。

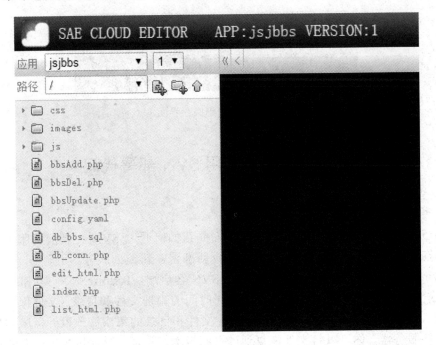

图 5.27　代码管理页面

（6）选中某个代码文件，即可对代码进行在线编辑，点击上边的上传和添加按钮，即可上传和添加代码文件，如图 5.28 所示。

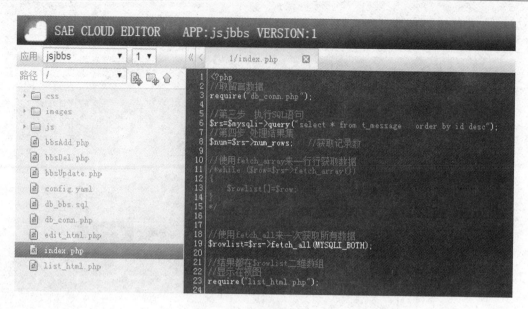

图 5.28　代码在线编辑界面

（7）完成后点击页面右上角的"全部保存"即保存在线编辑修改的代码，如图 5.29 所示。

图 5.29　代码保存界面

任务 5.5　新浪云用 SVN 部署代码

5.5.1　任务分析

任务 5.4 介绍了如何在线编辑代码，下面介绍如何通过 SVN 在新浪云服务器部署代码，实现在电脑上直接编辑代码，然后上传更新部署在新浪云服务器上。

在 Windows 下推荐使用乌龟（Tortoise）SVN 客户端。TortoiseSVN 是 Subversion 版本控制系统的一个免费开源客户端，可以超越时间的管理文件和目录。文件保存在中央版本库（即 SAE 中央 SVN 仓库），除了能记住文件和目录的每次修改以外，版本库非常像普通的文件服务器。你可以将文件恢复到过去的版本，并且可以通过检查历史知道数据做了哪些修改，谁做的修改。这就是为什么许多人将 Subversion 和版本控制系统看作一种"时间机器"。目前 SAE 上的应用支持通过 Git 和 SVN 来部署代码。Git 和 SVN 的主要参数见表 5.1。

表 5.1	Git 和 SVN 的主要参数
Git 仓库地址	https://git.sinacloud.com/YOUR_APP_NAME
SVN 仓库地址	https://svn.sinacloud.com/YOUR_APP_NAME
用户名	SAE 安全邮箱
密码	SAE 安全密码

注　用户名和密码为安全邮箱和安全密码，不是微博账号和微博密码。如已启用微盾动态密码，则密码应该是"安全密码"+
"微盾动态密码"。

TortoiseSVN 下载：http：//tortoisesvn.net/downloads.html

下面详细介绍使用 TortoiseSVN 向 SAE 部署代码。

5.5.2　实施步骤

（1）创建一个新文件夹作为本地工作目录（Working directory），可以使用应用名为文件夹名，如为我的应用 devcenter 创建本地工作目录，如图 5.30 所示。

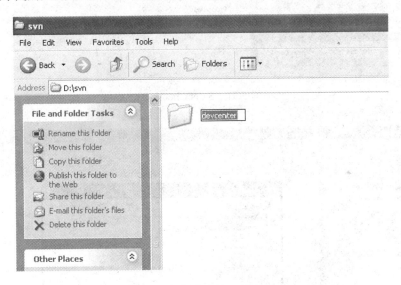

图 5.30　创建本地工作目录

（2）从 SAE 的 SVN 仓库检出（checkout）一个应用的全部版本代码，如图 5.31 所示，右键点击"SVN Checkout"。

（3）在弹出页面中填写仓库路径即 https：//svn.sinacloud.com/devcenter/，其他默认参数即可，如图 5.32 所示。

（4）在图 5.32 中 Reversion 处，"HEAD revision"是指最新版，也可以指定 Revision 为任意一个版本。点击"OK"，出现下载界面，如图 5.33 所示。

（5）如果一切顺利，devcenter 应用所有版本代码将会全部出现在刚刚创建的 devcenter 文件夹下，如图 5.34 所示。

（6）在本地使用你喜欢的编辑器，编辑任意文件，保存后该文件图标将会出现红色感叹号，如图 5.35 所示。

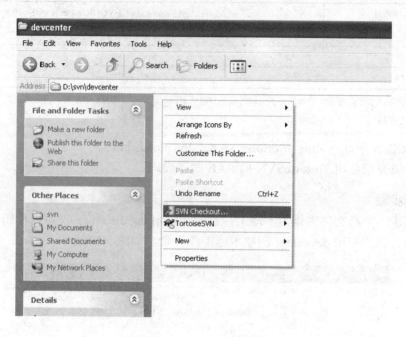

图 5.31 SVN Checkout

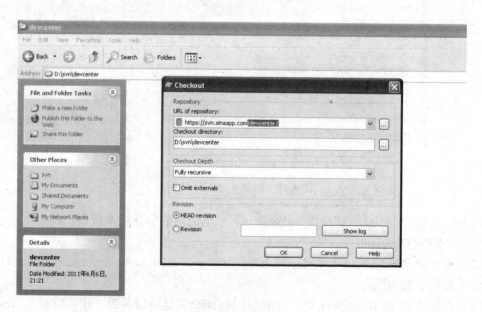

图 5.32 仓库路径

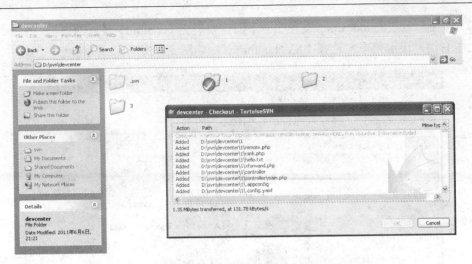

图 5.33　Reversion

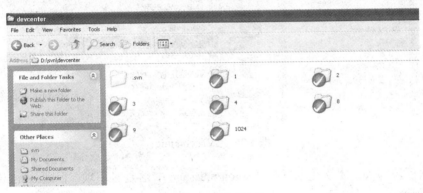

图 5.34　应用版本

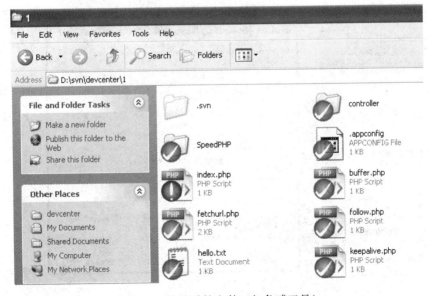

图 5.35　修改过的文件（红色感叹号）

（7）刚刚修改过的 index.php 变色了。下面需要提交（commit）最近的更新。在 index.php 文件上击右键，出现菜单，选择"SVN commit"，如图 5.36 所示。

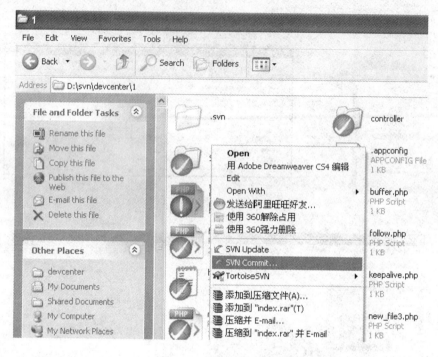

图 5.36　SVN commit

（8）然后填写关于本次更新的日志（log message），这是必填项，否则 commit 会失败。如图 5.37 所示。

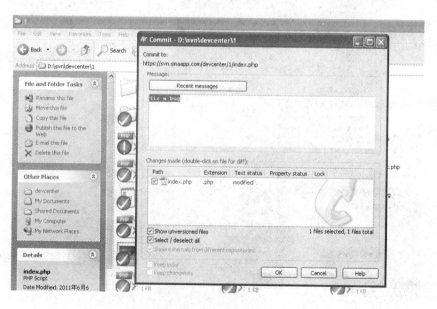

图 5.37　更新日志（log message）

（9）当看到如图 5.38 所示，表明刚才的修改已经成功提交，并且前该 devcenter 项目的 SVN 版本号加 1，变成 30。

图 5.38　修改提交完成

（10）在 SVN 工作目录下，对于文件修改完成后只需要提交（commit）就可以，但对于新增文件，或者从其他目录复制进来的文件或文件夹，需要在提交（commit）之前需要做一步 Add 操作，即将文件或文件夹添加到 SVN 工作目录中来，否则 SVN 客户端不认它。具体操作很简单，如图 5.39 所示。

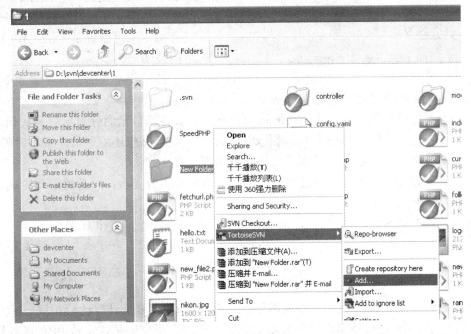

图 5.39　Add 操作

更多 Tortoise SVN 使用帮助，请参阅 http：//www.subversion.org.cn/tsvndoc/。

5.5.3 知识点

1. SVN

SVN 是 Subversion 的简称，是一个开放源代码的版本控制系统，相较于 RCS、CVS，它采用了分支管理系统，它的设计目标就是取代 CVS。互联网上很多版本控制服务已从 CVS 迁移到 Subversion。说得简单一点 SVN 就是用于多个人共同开发同一个项目，达到共用资源的目的。

2. 运行方式

SVN 服务器有两种运行方式：独立服务器和借助 apache 运行。两种方式各有利弊，用户可以自行选择。

3. 数据存储

SVN 存储版本数据也有两种方式：BDB（一种事务安全型表类型）和 FSFS（一种不需要数据库的存储系统）。因为 BDB 方式在服务器中断时，有可能锁住数据，所以还是 FSFS 方式更安全一点。

4. 工作流程

集中式管理的工作流程如图 5.40 所示。

集中式代码管理的核心是服务器，所有开发者在开始新一天的工作之前必须从服务器获取代码，然后开发，最后解决冲突并提交。所有的版本信息都放在服务器上。如果脱离了服务器，开发者基本上可以说是无法工作的。下面举例说明。

开始新一天的工作步骤如下：

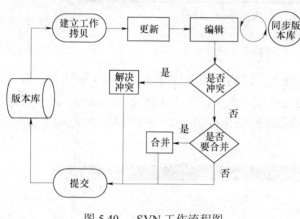

图 5.40 SVN 工作流程图

（1）从服务器下载项目组最新代码。

（2）进入自己的分支进行工作，每隔一个小时向服务器自己的分支提交一次代码（很多人都有这个习惯。因为有时候自己对代码改来改去，最后又想还原到前一个小时的版本，或者看看前一个小时自己修改了哪些代码，就需要这样做了）。

（3）下班时间快到了，把自己的分支合并到服务器主分支上，一天的工作完成，并将工作内容提交到服务器。

这就是经典的 SVN 工作流程，从流程上看，有不少缺点，但也有优点。

小　　结

通俗地说，新浪 SAE 是用来存放网站的，跟谷歌的 GAE 云计算比较相似。新浪 SAE 主要是提供了 PHP 运行环境，用户基本上只要像普通主机空间那样上传 PHP 代码和数据库，就可以在互联网上架设自己的网站了。本项目主要要求掌握将留言板代码部部署到新浪云应用上的方法。

进 阶 篇

商城项目开发技术准备

【教学目标】

1. 掌握 Cookie 机制及使用方法。
2. 掌握 Session 机制及使用方法。
3. 掌握文件的上传，学会用 PHP 处理上传文件信息。
4. 熟练掌握以 PDO 方式连接和选择数据库，执行 SQL 语句和处理结果集。
5. 掌握参数绑定和占位符的使用，学会使用与处理依据批量处理数据。
6. 熟悉 PDO 错误处理机制，能够在程序开发过程中灵活运用错误处理。

【项目导航】

在前面的项目中我们已经掌握 PHP 的基本语法以及通过开发留言板项目掌握了 PHP 如何编写简单的数据库应用程序，本项目主要是为了完成更为复杂的电子商城项目所做的技术准备，本项目将设计相应的任务模块，掌握好 PHP 的高级技术，为后面的项目开发打下良好的基础。

任务 6.1 用 户 登 录

6.1.1 任务分析

在 Web 应用开发中，经常需要实现用户登录的功能。用户在网页中输入用户名和密码，然后提交表单，服务器就会验证用户名和密码是否正确，如果验证通过，用户就可以使用这个账号在网站进行操作。本任务指导大家完成用户登录功能，学习会话技术的应用。

一般来讲，用户登录流程如图 6.1 所示。

当用户访问某个网站后台界面时，首先会判断用户是否已登录，如果已经登录则显示后台主界面显示用户登录信息，否则进入登录页面，完成用户登录功能，然后再显示用户登录信息。

6.1.2 知识点分析

1. HTTP 协议与状态保持

HTTP 协议本身是无状态的，这与 HTTP 协议本来的目的是相符的，客户端只需要简单地向服务器请求下载某些文件，无论是客户端还是服务器端都没有必要记录彼此过去的行为，每一次请求之间都是独立的，好比一个顾客和一个自动售货机之间的关系一样，后面顾客的行为与前面的顾客行为没有一点关系，自动售货机无需知道前面顾客与后面顾客的关系。自动售货机的无状态如图 6.2 所示。

人们很快发现如果能提供一些按需要生成的动态信息会使 Web 变得更加有用，就像给有线电视加上点播功能一样。又如用户登录，用户登录过程中存在一个问题，用户在登录页面登录成功后，不管用户到达网站的哪个页面，用户始终处于登录状态。用户从一个页面跳转到另外一个页面时，由于 HTTP 协议是无状态协议的，也就是说当一个用户请求一个页面后再请求另外一个页面时，HTTP 将无法告诉我们这两个请求是来自于同一个用户，所以不能记录上一个页面用户的状态，PHP 变量的作用范围也局限于同一个 PHP 文件，它也不能记录上一个页面用户的状态。

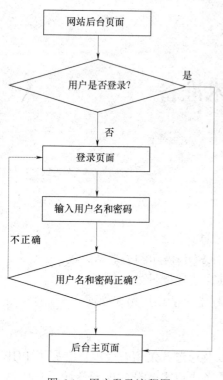

图 6.1 用户登录流程图

2. 会话技术

PHP 服务器如何跟踪一个客户端用户的状态呢？这意味着我们需要有一种机制来跟踪和记录用户在该网站所进行的活动，这就是会话技术。

会话技术是一种维护同一个浏览器与服务器之间多次请求的数据状态的技术。其中 Cookie 是一种在远程浏览器端存储数据并以此来跟踪和识别用户的机制。而 Session 则是将信息存放在服务器端的会话技术。

让我们用几个例子来描述一下 Cookie 和 Session 机制之间的区别与联系。如有一家咖啡店有喝 5 杯咖啡免费赠一杯咖啡的优惠，然而一次性消费 5 杯咖啡的机会微乎其微，这时就需要某种方式来记录某位顾客的消费数量。无外乎有以下这几种方案：

（1）店员记忆力超强，能记住每位顾客的消费数量，只要顾客一走进咖啡店，店员就知道该怎么对待了。这种做法就是协议本身支持状态。

图 6.2 自动售货机的无状态

（2）发给顾客一张卡片，上面记录着消费的数量，一般还有个有效期限。每次消费时，如果顾客出示这张卡片，则此次消费就会与以前或以后的消费联系起来。这种做法就是在客户端保持状态。

（3）发给顾客一张卡片，除了卡片号之外什么信息也不记录，每次消费时，如果顾客出示该卡片，则店员在店里的记录本上找到这个卡号对应的记录添加一些消费信息。这种做法就是在服务端保持状态。

由于 HTTP 协议是无状态的，而出于种种考虑也不希望使之成为有状态的，因而后面两种方案就成为现实的选择，具体来说 Cookie 机制采用的是在客户端保持状态的方案，而 Session 机制采用的是在服务器保持状态的方案。

3．Cookie 技术

Cookie 表示由网站服务器发送出来存储在客户浏览器上的小量信息，从而使得下次访问该网站时，可以从浏览器重新读这些信息。这种机制可以让浏览器记住访客的特定信息，如登录过的用户名，上次访问的位置、时间等。

以用户登录过程为例来看，当用户通过客户端浏览器访问 Web 服务器的登录页面，输入账号和密码进行登录，此时账户信息就保存在客户端的 Cookie 中。当用户再次访问同一服务器的其他页面时，就会自动携带 Cookie 中的数据一起访问，而不需要每个页面都重新登录。通常用于保存用户浏览历史、保存购物车商品和保存用户登录状态等。

（1）创建 Cookie。Cookie 在用户的计算机中是以文件形式保存的，浏览器通常会提供 Cookie 管理程序。以谷歌浏览器为例，在要查看的 Cookie 的页面上。直接在地址栏前面的文档簿上点击，如图 6.3 所示，然后选择一个 Cookie 名称后，点击就可以查看 Cookie 的详细内容，如图 6.4 所示。

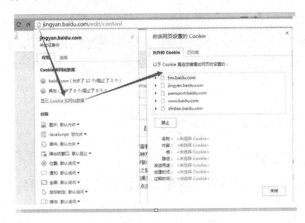

图 6.3　查看 Cookie

图 6.4　查看 Cookie 的详细信息

在使用 Cookie 之前，首先得创建 Cookie。在 PHP 中，使用 setcookie( )函数可以创建或修改 Cookie，其声明方式如下所示：

setcookie（name，value，expire，path，domain，secure）

Setcookie 各参数描述见表 6.1。

表 6.1　　　　　　　　　　　　　　　Setcookie 各参数描述

参数	描　　　述
name	必需。规定 cookie 的名称

续表

参数	描　　述
value	必需。规定 cookie 的值
expire	可选。规定 cookie 的有效期
path	可选。规定 cookie 的服务器路径
domain	可选。规定 cookie 的域名
secure	可选。规定是否通过安全的 HTTPS 连接来传输 cookie

【例 6.1】 setcookie 的用法。

```
1.    setcookie（"TestCookie", "南宁"）;
2.    setcookie（"TestCookie", "南宁", time（）+3600*24）; //一天后过期
3.    setcookie（"TestCookie", "南宁", time（）–1）; //立即过期，马上删除 cookie
```

上述代码中，演示了如何使用 SetCookie 设置一个名为 TestCookie 的 cookie，如果省略 Expire 值，Cookie 默认是在本次会话有效，当用户关闭浏览器时会话就会结束。第 3 行代码，是通过把失效日期设置为过去的日期/时间，从而删除了这个 Cookie。

（2）Cookie 的读取。当用户通过浏览器访问 Web 服务器时，服务器会给用户发送一些信息，这些信息很多都会保存在 cookie 中，要想获取 Cookie 中的信息，可以使用超全局数组 $_COOKIE[]来读取。

```
1.    $var=$_COOKIE["TestCookie"];
```

如果超全局数组$_COOKIE[]中没有值，则以上语句会报错，所以一般使用以下语句获取 Cookie 数据。

```
1.    if （isset（$_COOKIE["TestCookie"]））
2.    {$var=$_COOKIE["TestCookie"]; }
3.    else{
4.    echo "error";
5.    }
```

（3）使用 cookie 的缺点。尽管 Cookie 实现了服务器与浏览器的信息交互，但也存在一些缺点，具体如下：

1）Cookie 会被附加在每个 HTTP 请求中，所以无形中增加了流量。

2）由于在 HTTP 请求中的 Cookie 是明文传递的，所以安全性成问题。（除非用 HTTPS）

3）一个 Cookie 会占用大约 50 个字符的基本空间开销（用于保存有效期信息等），再加上其中保存的值的长度，其总和接近 4K 的限制。大多数浏览器只允许每个站点保存 20 个 Cookie，对于复杂的存储需求来说是不够用的。

4）用户配置为禁用 Cookie，有些用户禁用了浏览器或客户端设备接收 Cookie 的能力，因此限制了这一功能的使用。

4．Session 技术

（1）Session 的原理。Session 技术与 Cookie 类似，都可以用来存储访问者的信息，但最大的不同在于 Cookie 是将信息存放在客户端，而 Session 是将数据存放于服务器中。

Session 在英语中是会议、会期的意思，用于网络领域，可以称之为客户端与服务器的会话期，它的生命周期从用户访问页面开始，直到断开与网站的连接时结束。

当程序需要为某个客户端的请求创建一个 Session 的时候，服务器首先检查这个客户端的请求里是否已包含了一个 Session 标识，称为 session id，如果已包含一个 session id，则说明以前已经为此客户端创建过 Session，服务器就按照 session id 把这个 Session 检索出来使用（如果检索不到，可以会新建一个），如果客户端请求不包含 session id，则为此客户端创建一个 session 并生成一个与此 session 相关联的 session id，session id 的值应该是一个既不会重复，又不容易被找到规律以仿造的字符串，这个 session id 将被在本次响应中返回给客户端保存。session id 存储在 cookie 中，亦或通过 URL 进行传导。

（2）Session 的使用。在使用 Session 之前，需要先启动 Session。通过 session_start( ) 函数可以启动 Session，当启动后就可以通过超全局变量$_SESSION 添加、读取或修改 Session 中的数据。

【例 6.2】 Session 的使用。

```php
1.    <? php
2.    session_start（）;                              //开启 Session
3.    $_SESSION['name']= '张三';                      //向 Session 添加数据（字符串）
4.    $_SESSION['info']=array（'张三', '男'）;         //向 Session 添加数据（数组）
5.    if（！isset（$_SESSION['count']））{           //判断 Session 中是否存在 count
6.      $_SESSION['count'] = 0;
7.    } else {
8.      $_SESSION['count']++;
9.    }
10.   unset（$_SESSION['name']）;
11.   $_SESSION=array（）;
12.   session_destroy（）;
13.   ? >
```

上述代码中，使用$_SESSION=array( )方式可以删除 Session 中的所有数据，但是 Session 文件仍然存在，只不过它是一个空文件。通常情况下，我们需要将这个空文件删除，可以通过 session_destroy( )函数来达到目的。

6.1.3　实施步骤

1．数据库设计

创建用户表，用户表用来保存已注册的用户的数据，代码如下：

```sql
CREATE TABLE IF NOT EXISTS `tb_user` （
`uid`int（11）NOT NULL AUTO_INCREMENT COMMENT '用户 ID',
`username`varchar（225）NOT NULL COMMENT '用户名',
`sex`tinyint（1）NOT NULL COMMENT '0 保密 1 男, 2 女',
`password`varchar（32）NOT NULL COMMENT '密码',
 PRIMARY KEY（`uid`）
） ENGINE=MyISAM   DEFAULT CHARSET=utf8 AUTO_INCREMENT=3;
```

添加测试数据，admin 用户的信息，代码如下：

```
INSERT INTO `tb_user` (`uid`, `username`, `sex`, `password`) VALUES
(1, 'admin', 1, '123456');
```

2．编写用户登录页面

创建一个 login_html.php 网页文件，页面包括用户登录表单，部分关键代如下：

```
1.    <form   method="post">
2.    用户名：<input type="text" name="username"><br>
3.    口  令：<input type="text" name="password"><br>
4.    <input type="submit" value="登录">
5.    </form>
```

上述代码是一个用户登录表单，表单中包含了用户登录所需填写的内容，如用户名和密码，用户登录界面如图 6.5 所示。

3．接收用户登录表单页面数据

创建 login.php 用于展示用户登录界面和接收用户登录表单数据，先判断没有没表单提交，如果没有则显示用户登录界面，如果有表单提交数据，则验证用户名和密码是否正确，关键代码如下：

图 6.5　用户登录界面

```
1.    <? php
2.    $error=array()；//保存错误信息
3.    if （! empty（$_POST)）            //判断有无表单提交
4.    {
5.         //有表单提交，接收用户表单提交的数据
6.    $username=isset（$_POST['username']）? trim（$_POST['username']）: '';
7.    $password=isset（$_POST['password']）? trim（$_POST['password']）: '';
8.    header（'Content-Type：text/html; charset=utf-8'）;
9.    //设置连接数据库的参数
10.   $servername = "localhost";           //设置 MYSQL 数据库所在的服务器名
11.   $dbusername = "root";                //设置使用 MYSQL 数据库的用户名
12.   $dbpassword = "";                    //设置用户的密码
13.   $dbname="db_shop";                   //设置要连接的数据库的名称
14.   //使用构造方法创建连接并选择数据库
15.   $mysqli= new MySQLi（$servername, $dbusername, $dbpassword, $dbname, '3306'）;
16.   // 检测连接
17.   if （$mysqli->connect_error）{
18.        die（"连接失败，出错信息为：". $mysqli->connect_error)；
19.   }
20.   $mysqli->query（"set names utf8"）;           //告知 MySQL 服务器使用 utf8 编码进行通信
21.   $sql="select * from tb_user where username='$username'";
22.   if （$rs=$mysqli->query（$sql)）
23.   {
24.        $row=$rs->fetch_assoc（）;
25.        if （$row['password']==$password）
```

```
26.      {
27.          session_start（）;
28.          $_SESSION['userinfo']=array（
29.            'id'=>$row['uid'],
30.            'username'=>$username
31.            );
32.          header（'Location: index.php'）;      //跳转到登录控制中心
33.          die;
34.        }
35.    }
36.    else
37.    {
38.        $error[]="用户名不存在或密码错误！";
39.    }
40. }
41. require（"login_html.php"）;
```

以上代码使用到 Session 保存用户已登录这个状态，第 27 行代码，session_start( )函数用于启动 Session，当 Session 启动后服务器就会创建 Session 文件，第 28～31 行代码，将用户信息保存到$_SESSION 数组中；第 32 行代码用于页面跳转，由于跳转后不需要继续往下执行，所以下一句使用了 die 语句结束了脚本。

4. 登录失败时显示错误信息

在 login.php 中，$error 数组记录了登录失败的所有错误信息，接下来编辑 login_html.php，将错误信息显示到网页中。部分关键代码如下：

```
1.  <? php    if （! empty（$error）） {? >
2.    <div>
3.     <ul>
4.        <? php
5.          foreach （$error as $key => $value） {
6.            echo "<li>$value</li>";
7.          }
8.        ? >
9.     </ul>
10.    </div>
11. <? php } ? >
```

5. 判断用户是否已登录

当页面跳转到 index.php 时，浏览器会将带有会话 ID 的 Cookie 发送到服务器，因此在 index.php 中可以通过会话 ID 读取到 login.php 保存的 Session 信息。接下来编写 index.php，实现用户是否登录的判断功能，关键代码如下：

```
1.  <? php
2.  session_start（）;
3.  if （isset（$_SESSION['userinfo']）)
4.  //用户信息是否存在
5.    {
```

```
6.        $login=true;
7.        $userinfo=$_SESSION['userinfo'];
8.     }
9.     else
10.    {
11.       $login=false;
12.    }
13.    require（"index_html.php"）;
14. <? php }　? >
```

6. 编写已登录用户面版与未登录用户面版

在 index_html.php 中，要根据用户的登录状态进行显示，如果用户未登录，则提示用户先登录；如果用户已登录，则出现欢迎信息和退出登录链接。部分关键代码如下：

```
1.  <div>用户中心</div>
2.  <? php if（$login）:　? >
3.  <? php echo $userinfo['username'];　　? >您好！<a href=? action=logout">注销</a>
4.  <? php else:　? >
5.      您还没登录，请先<a href="login.php">登录</a>！
6.  <? php endif;　? >
```

在上述代码中，第 2 行代码通过 if 判断了 $login 变量。当变量为 true 时，说明用户已经登录，为 false 时说明用户没有登录。当用户单击退出链接时，会向 index.php 传递"action=logout"参数。

7. 实现用户退出

当 index.php 收到"action=logout"参数时，表示用户需要退出。接下来编写 index.php 实现用户退出功能，部分关键代码如下。

```
1.  session_start（）;
2.  if（isset（$_GET['action']）&&（$_GET['action']）=='logout'）{
3.      unset（$_SESSION['userinfo']）;
4.      if（empty（$_SESSION））session_destroy（）;
5.  Header（'Loaction: login.php'）;
6.  die;
7.  }
```

上述代码首先启动了 Session，然后判断是否收到"action=logout"参数，当收到时说明用户需要退出，在实现用户退出时，首先使用 unset()函数销毁 Session 的用户信息，此时如果 Session 中没有其他数据，则$_SESSION 是一个空数组，使用函数 session_destroy()销毁文件即可。

任务 6.2　文　件　上　传

6.2.1　任务分析

在计算机中，在添加用户信息或者添加商品信息时，为了使形象更加具体鲜活，经常需要设置用户照片或商品照片等。本任务将带领大家开发一个上传照片的功能。从而掌握 PHP 对上传文件的接收与处理等相关知识。

6.2.2 知识点分析

1. 文件上传原理

使用文件上传表单，将文件提交后，数据将本地上传到服务器的临时目录，然后通过其内置函数把临时目录的数据移动到要放的地方，这就是 PHP 中实现文件上传的原理。

PHP 实现文件上传的函数有三个：Copy、is_uploaded_file、move_uploaded_file。下面具体解释函数的使用。

2. Copy 函数

Copy 函数的作用是拷贝文件，语法格式如下：

bool copy（string $source ，string $dest）

我们可以将文件 POST 给 Copy 函数，再通过 Copy 函数将文件复制到服务器上。

【例 6.3】 通过 Copy 函数上传文件。

（1）编写文件上传表单 index.php。

```
1.  <html>
2.  <body>
3.  <form action="upload_file.php" method="post" enctype="multipart/form-data">
4.  上传：<input type="file" name="myfile" />
5.  <input type="submit" name="submit" value="上传" />
6.  </form>
7.  </body>
8.  </html>
```

（2）编写点击提交后的处理上传的程序 upload_file.php。

```
1.  <? php
2.    echo $_FILES["myfile"]['name'];
3.    if （copy（$_FILES["myfile"]['tmp_name'], "abc.jpg"）) {echo "上传成功"; }
4.    else {echo "上传失败"; }
5.  ? >
```

3. is_uploaded_file 函数

is_uploaded_file 函数的作用是判断文件是否是通过 HTTP POST 上传的，语法格式如下：

bool is_uploaded_file（string $filename）

我们可以将文件 POST 给 is_uploaded_file 函数判断文件是否上传成功，再通过 Copy 函数将文件复制为目标文件。

【例 6.4】 is_uploaded_file 函数判断文件是否上传成功，再通过 Copy 函数将文件复制为目标文件，Index.php 与［例 6.3］相同。将 upload_file.php 修改如下：

```
1.  <? php
2.  if （is_uploaded_file（$_FILES["myfile"]['tmp_name']）) {
3.      copy（$_FILES["myfile"]['tmp_name'],
4.              "./".$_FILES["myfile"]['name']);
5.  } else {
6.    echo "<p>上传不成功! </p>";
7.  }
8.  ? >
```

4. move_uploaded_file 函数

move_uploaded_file 函数的作用是将上传的文件移动到目标位置，语法格式如下：

bool move_uploaded_file（string $filename ， string $destination）

我们可以将文件 POST 给 move_uploaded_file 函数，再通过 move_uploaded_file 函数将文件移动到目标位置。

【例 6.5】 通过 move_uploaded_file 函数上传文件。

```
1.  <? php
2.      echo $_FILES["myfile"]['name'];
3.      if （move_uploaded_file（$_FILES["myfile"]['tmp_name'], "abc.jpg")) {echo "上传成功"; }
4.      else {echo "上传失败"; }
5.  ? >
```

6.2.3 实施步骤

1. 编写文件上传表单

在表单中要想实现文件上传，需要将 enctype 属性设置为"multipat/form-data"，让浏览器知道在表单信息中除了其他数据外还有上传的文件数据，而浏览器会将表单提交的数据（除了文件数据外）进行字符编码，并单独对上传的文件进行二进制编码。又因为在 URL 地址栏上不能传输二进制编码数据，所以要实现文件上传表单，必须将表单提交方式设置为 POST 的方式。具体示例如下。

创建 index.php 如下：

```
1.  <! doctype html>
2.  <html lang="en">
3.  <head>
4.  <meta charset="UTF-8">
5.  <title>Document</title>
6.  </head>
7.  <body>
8.  <form action="upload_file.php" method="post" enctype="multipart/form-data">
9.  <label for="file">Filename：</label>
10. <input type="file" name="file" id="file" />
11. <br />
12. <input type="submit" name="submit" value="Submit" />
13. </form>
```

14. </body>

15. </html>

请留意如下有关此表单的信息：

<form> 标签的 enctype 属性规定了在提交表单时要使用哪种内容类型。在表单需要二进制数据时，比如文件内容，请使用 "multipart/form-data"。

<input> 标签的 type="file" 属性规定了应该把输入作为文件来处理。举例来说，当在浏览器中预览时，会看到输入框旁边有一个浏览按钮。

2. 处理上传文件

PHP 默认将表单上传的文件保存到服务器系统的临时目录下，除非 php.ini 中的 upload_tmp_dir 设置为其他的路径，服务端的默认临时目录可以通过更改 PHP 运行环境的环境变量 TMPDIR 来重新设置。该临时文件的保存期为脚本的周期。所谓脚本周期就是执行 PHP 文件所需的时间。在处理表单的文件中可以通过 sleep（seconds）函数延迟 PHP 文件执行的时间，在 "C：\wamp\tmp\" 目录中查看临时文件。

3. 获取上传的文件信息

当提交表单时，在目录中生成一个临时文件，当 PHP 执行完毕后，临时文件就会被释放掉。PHP 提供了超全局数组 $_FILES 保存上传的临时文件信息。临时文件的信息如图 6.6 所示。

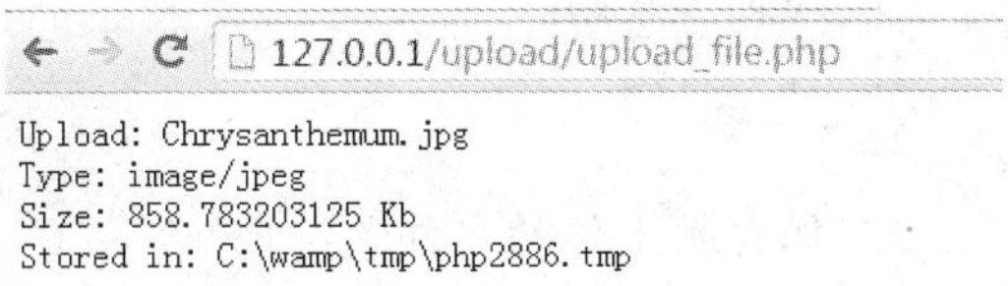

```
← → C  🗋 127.0.0.1/upload/upload_file.php

Upload: Chrysanthemum.jpg
Type: image/jpeg
Size: 858.783203125 Kb
Stored in: C:\wamp\tmp\php2886.tmp
```

图 6.6　临时文件的信息

编写 upload_file.php 文件如下：

1. <? php
2. if （$_FILES["file"]["error"] > 0）
3. {
4. echo "Error：". $_FILES["file"]["error"] ."
";
5. }
6. else
7. {
8. echo "Upload：". $_FILES["file"]["name"] ."
";
9. echo "Type：". $_FILES["file"]["type"] ."
";
10. echo "Size：".（$_FILES["file"]["size"] / 1024）." Kb
";
11. echo "Stored in：". $_FILES["file"]["tmp_name"];
12. }
13. ? >

4. 上传限制

上传之前，我们可以增加对文件上传的限制，文件的类型限制，如用户只能上传 .gif 或 .jpeg 文件；文件大小的限制，文件大小必须小于 20 kb 等等。代码如下：

1. <? php
2. if （（（$_FILES["file"]["type"] == "image/gif"）
3. ‖ （$_FILES["file"]["type"] == "image/jpeg"）
4. ‖ （$_FILES["file"]["type"] == "image/pjpeg"））

```
5.   &&  （$_FILES["file"]["size"] < 20000））
6.   {
7.   if  （$_FILES["file"]["error"] > 0）
8.    {
9.    echo "Error：   " . $_FILES["file"]["error"] . "<br />";
10.    }
11.   else
12.    {
13.    echo "Upload：" . $_FILES["file"]["name"] . "<br />";
14.    echo "Type：" . $_FILES["file"]["type"] . "<br />";
15.    echo "Size：" . （$_FILES["file"]["size"] / 1024） . " Kb<br />";
16.    echo "Stored in：" . $_FILES["file"]["tmp_name"];
17.    }
18.   }
19.   else
20.   {
21.   echo "无效文件！";
22.   }
23. ? >
```

5．保存被上传的文件

upload_file.php 代码在服务器的 PHP 临时文件夹创建了一个被上传文件的临时副本。这个临时的复制文件会在脚本结束时消失。要保存被上传的文件，我们需要使用 move_uploaded_file（临时文件，目标文件地址）把它拷贝到另外的位置，拷贝前，应该检测目标目录中没无同名的文件。

```
1.   <? php
2.   if  （（（$_FILES["file"]["type"] == "image/gif"）
3.   || （$_FILES["file"]["type"] == "image/jpeg"）
4.   || （$_FILES["file"]["type"] == "image/pjpeg"））
5.   &&  （$_FILES["file"]["size"] < 20000））
6.   {
7.   if  （$_FILES["file"]["error"] > 0）
8.    {
9.    echo "Return Code：" . $_FILES["file"]["error"] . "<br />";
10.    }
11.   else
12.    {
13.    echo "Upload：" . $_FILES["file"]["name"] . "<br />";
14.    echo "Type " . $_FILES["file"]["type"] . "<br />";
15.    echo "Size：" . （$_FILES["file"]["size"] / 1024） . " Kb<br />";
16.    echo "Temp file：" . $_FILES["file"]["tmp_name"] . "<br />";
17.
18.    if  （file_exists（"upload/" . $_FILES["file"]["name"]））
19.     {
20.     echo $_FILES["file"]["name"] . " already exists. ";
```

```
21.        }
22.     else
23.        {
24.        move_uploaded_file（$_FILES["file"]["tmp_name"],
25.        "upload/" . $_FILES["file"]["name"]）;
26.        echo "Stored in: " . "upload/" . $_FILES["file"]["name"];
27.        }
28.     }
29.  }
30.  else
31.     {
32.  echo "无效文件! ";
33.     }
34. ? >
```

上面的脚本检测了是否已存在此文件，如果不存在，则把文件拷贝到指定的文件夹。这个例子把文件保存到了名为"upload"的新文件夹。

任务 6.3　PDO 的 使 用

6.3.1　任务分析

　　PDO（PHP Data Object）指的是 PHP 数据对象，它为 PHP 访问数据库定义了一个轻量级的一致接口。PDO 提供了一个数据访问抽象层，不管使用哪种数据库，都可以用相同的函数（方法）来查询和获取数据。目前所支持的数据库包括 Firebird、FreeTDS、Interbase、MySQL、MS SQL Server、ODBC、Oracle、PostgreSQL、SQLite 和 Sybase 等。PDO 有效地解决了早期 PHP 版本中不同数据库扩展接口互不兼容的问题。

　　PHP 支持的数据库类型较多，但在早期 PHP 版本中，各种不同的数据库扩展互不兼容，每个扩展都有各自的操作函数，导致 PHP 的程序维护非常困难，可移植性也非常差。为了解决这一问题。PHP 开发了 PDO 数据库抽象层，当选择不同的数据库时，只需修改 PDO 中的 DSN（数据源）即可。

　　本任务通过一个展示产品列表的简单例子来讲解 PDO 的基本使用。

6.3.2　知识点分析

1. PDO 连接数据库

　　使用 PDO 扩展连接数据库，需要实例化 PDO 类，同时传递数据库连接参数，具体声明方式如下所示：

　　PDO：：__construct（string $dsn [，string $username [，string $password [，array $driver_options]]]）

　　在上述声明中，参数$dsn 用于表示数据源名称，包括 PDO 驱动名、主机名、端口号、数据库名称。其他都是可选参数，其中$username 表示$dsn 中数据库的用户名，$password 表示$dsn 中数据库的密码，而$driver_options 表示一个具体驱动连接的选项（键值对数组）。

该函数执行成功时返回一个 PDO 对象，失败时则抛出一个 PDO 异常（PDOException）。

接下来通过一个案例来演示如何使用 PDO 连接 MySQL 数据库，如［例 6.6］所示。

【例 6.6】 使用 PDO 连接 MySQL 数据库。

```
1.   <? php
2.   header（'Content-Type：text/html；charset=utf-8'）；
3.   //数据库服务器类型是 MySQL
4.   $dbms = 'mysql'；
5.   //数据库服务器主机名，端口号，选择的数据库
6.   $host = 'localhost'；
7.   $port = '3306'；
8.   $dbname = 'db_shop'；
9.   //用户名和密码
10.  $user = 'root'；
11.  $pwd = '123456'；
12.  $dsn = "$dbms：host=$host；dbname=$dbname"；
13.  //设定字符集
14.  $options = array（PDO：：MYSQL_ATTR_INIT_COMMAND => 'SET NAMES \'UTF8\''）；
15.  //创建数据库连接
16.  try{
17.  $pdo = new PDO（$dsn，$user，$pwd，$options）；
18.  echo 'PDO 连接 MySQL 数据库成功'；
19.  }catch（PDOException $e）{
20.  //输出异常信息
21.  echo $e->getMessage（）.'<br>'；
22.  }
```

PDO 连接 MySQL 数据库运行结果如图 6.7 所示。

> **注意**：在使用 PDO 连接数据库时，需要了解以下三点：
> （1）数据源中的 PDO 驱动名即要连接的数据库服务器类型，如 mysql、oracle 等。
> （2）数据源中的端口号和数据库的位置也是可以互换的。
> （3）除了在［例 6.6］中设置 PDO 的具体驱动连接选项设定字符集，还可以在 PDO 的 DSN 中进行设置，具体如下所示：
> $dsn = "$dbms：host=$host；dbname=$dbname；charset=utf8"；

PHP 的版本大于 5.3.6 时，才可以使用 DSN 中的 charset 属性进行设置字符集。

2. PDO 执行 SQL 语句

（1）query()方法。连接并选择数据库后，即可通过 PDO 类的 query()方法执行 SQL 操作，其声明方式如下：

PDO连接MySQL数据库成功

图 6.7　PDO 连接 MySQL 数据库运行结果

PDOStatement PDO：：query（string $statement）

在上述声明中，$statement 用于表示要执行的 SQL 语句。执行该方法成功则返回一个 PDOStatement 类的对象，失败则返回 FALSE。

接下来通过一个案例来演示如何使用 query( )方法执行 SQL 语句，如［例 6.7］所示。

【例 6.7】 使用 query( )方法执行 SQL 语句。

```
23.    <? php
24.    header（'Content-Type: text/html; charset=utf-8'）;
25.    //数据库服务器类型是 MySQL
26.    $dbms = 'mysql';
27.    //数据库服务器主机名，端口号，选择的数据库
28.    $host = 'localhost';
29.    $port = '3306';
30.    $dbname = 'db_shop';
31.    //用户名和密码
32.    $user = 'root';
33.    $pwd = '123456';
34.    $dsn = "$dbms: host=$host; dbname=$dbname; charset=utf8";
35.    try{
36.    //创建数据库连接
37.    $pdo = new PDO（$dsn, $user, $pwd）;
38.       //执行 SQL 语句
39.    $sql = "insert into tb_product（pname） values（'中兴手机'）";
40.    $result = $pdo->query（$sql）;
41.    var_dump（$result）;
42.       //输出受影响的记录数
43.    echo '<br>最后插入行的 ID 为: '.$pdo->lastInsertId（）;
44.    }catch（PDOException $e）{
45.    //输出异常信息
46.    echo $e->getMessage（）.'<br>';
47.    }
```

［例 6.7］的运行结果如图 6.8 所示。

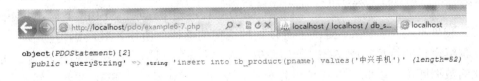

图 6.8 ［例 6.7］的运行结果

从图 6.8 中可以看出，query( )方法执行 SQL 语句成功并返回一个 PDOStatement 对象，然后通过 PDO 对象调用 lastInsertId( )方法即可取得最后插入的 ID。

（2）exec( )方法。query( )方法主要是用于有记录结果返回的操作，如 SELECT 操作，exec( )主要是针对没有结果集合返回的操作，比如 INSERT、UPDATE、DELETE 等操作，

它用于执行一条 SQL 语句并返回执行后受影响的行数，具体如［例 6.8］所示。

【例 6.8】　使用 exec( )方法执行 SQL 语句。

```
1.    <? php
2.    header ('Content-Type: text/html; charset=utf-8');
3.    //数据库服务器类型是 MySQL
4.    $dbms = 'mysql';
5.    //数据库服务器主机名，端口号，选择的数据库
6.    $host = 'localhost';
7.    $port = '3306';
8.    $dbname = 'db_shop';
9.    //用户名和密码
10.   $user = 'root';
11.   $pwd = '123456';
12.   $dsn = "$dbms: host=$host; dbname=$dbname; charset=utf8";
13.   try{
14.   //创建数据库连接
15.   $pdo = new PDO（$dsn, $user, $pwd）;
16.   //执行 SQL 语句并输出受影响的记录数
17.   $sql = "update tb_product set pname='联想电脑 L421' where pid =9";
18.   $num = $pdo->exec（$sql）;
19.   echo '执行更新操作后，有'.$num.'行记录受到影响';
20.   }catch（PDOException $e）{
21.   //输出异常信息
22.   echo $e->getMessage（）.'<br>';
23.   }
```

执行更新操作后，有1行记录受到影响

图 6.9　［例 6.8］的运行结果

［例 6.8］的运行结果如图 6.9 所示。

在上述代码中，第 18 行代码使用 exec( )方法执行更新操作，从图 6.8 可以看出，程序执行成功并返回了受影响的记录数。需要注意的是，exec( )方法通常用于 INSERT、DELETE 和 UPDATE 语句中，对于 SELECT 语句并不适用。

（3）预处理语句。PDO 提供了对预处理语句的支持。所谓预处理语句，用户可以想象成一种编译过的待执行的 SQL 语句模板，在执行时，只需在服务器和客户端之间传输有变化的数据即可，以此可以避免重复分析、编译、优化及防止 SQL 注入等好处。

执行预处理语句的过程如下：

1）使用 prepare( )方法准备执行预处理语句，该方法将返回一个 PDOStatement 类对象，其语法格式如下：

PDOStatement PDO：：prepare（string $statement [, array $driver_options = array( )]）

在上述声明中，参数$statement 表示预处理的 SQL 语句，在 SQL 语句中可以添加占位符，PDO 支持两种占位符，即问号占位符（？）和命名参数占位符（：参数名称），$driver_options 是可选参数，表示设置一个或多个 PDOStatement 对象的属性值。

值得一提的是，通过 query( )方法返回的 PDOStatement 是一个结果集对象；而通过 prepare( )方法返回的 PDOStatement 是一个查询对象，本节使用"$stmt"来表示 prepare( )方法返回的查询对象。

　　2）使用 bindParam( )方法将参数绑定到准备好的查询占位符上，其语法格式如下：

bool PDOStatement：：bindParam（mixed $parameter ，mixed &$variable [，int $data_type = PDO：：PARAM_STR [，int $length [，mixed $driver_options]]]）

　　在上述声明中，参数$parameter 用于表示参数标识符，$variable 用于表示参数标识符对应的变量名，可选参数$data_type 用于明确参数类型，其值使用 PDO：：PARAM_*常量来表示，见表 6.2，$length 是可选参数用于表示数据类型的长度。该方法执行成功时返回 TRUE，执行失败则返回 FALSE。

表 6.2　　　　　　　　　　　　　　　PDO：：PARAM_*系列常量

常量名	说　明
PDO：：PARAM_NULL	代表 SQL 空数据类型
PDO：：PARAM_INT	代表 SQL 整数数据类型
PDO：：PARAM_STR	代表 SQL 字符串数据类型
PDO：：PARAM_LOB	代表 SQL 中大对象数据类型
PDO：：PARAM_BOOL	代表一个布尔值数据类型

　　3）使用 execute( )方法执行一条预处理语句，其语法格式如下：

bool PDOStatement：：execute （[array $input_parameters]）

　　在上述声明中，可选参数$input_parameters 表示一个元素个数与预处理语句中被绑定的参数一样多的数组，并且所有的值作为 PDO：：PARAM_STR 对待。

　　需要注意的是，不能绑定多个值到一个单独的参数，例如，不能绑定两个值到 IN( )子句中的一个单独的参数上；并且$input_parameters 中的元素个数要与预处理的 SQL 中指定的键名个数一致，否则将会发生错误。

　　接下来通过一个案例来学习，如［例 6.9］所示。

【例 6.9】　预处理语句的使用。

```
1.    <? php
2.    header（'Content-Type：text/html；charset=utf-8'）;
3.    try{
4.    //实例化 PDO 创建数据库服务器连接
5.    $pdo = new PDO（"mysql：host=127.0.0.1；dbname=db_shop；charset=utf8"，"root"，"123456"）;
6.    //执行 SQL 语句
7.    $stmt = $pdo->prepare（"insert into`tb_product`（pid，pname，pprice）values（：pid，：pname，：pprice）"）;
8.    //设置变量
9.    $pid = "10";
10.   $pname = "苹果手机";
11.   $pprice = "5000";
```

```
12.    //绑定变量
13.    $stmt->bindParam (": pid", $pid, PDO:: PARAM_INT);
14.    $stmt->bindParam (": pname", $pname, PDO:: PARAM_STR);
15.    $stmt->bindParam (": pprice", $pprice, PDO:: PARAM_INT);
16.    //打印执行结果
17.    var_dump ($stmt->execute ());
18.    //设置变量
19.    $pid = "11";
20.    $pname = "三星手机";
21.    $pprice = "4000";
22.    //打印使用一个含有插入值的数组的执行结果
23.    var_dump ($stmt->execute (array (': pid'=>$pid, ': pname'=>$pname, ': pprice'=>$pprice)));
24.    }catch (PDOException $e) {
25.    //输出异常信息
26.    echo $e->getMessage ().'<br>';
27.    }
```

boolean true

boolean true

图 6.10 ［例 6.9］的运行结果

［例 6.9］的运行效果如图 6.10 所示。

在上述代码中，第 9～17 行代码在 INSERT 语句中使用了命名参数占位符，并使用 bindParam( )方法将设置好的变量绑定到相应的占位符上，最后执行 execute( )方法插入数据；而第 18～23 行代码虽然也是执行 INSERT 操作，但却通过设置一个元素个数与预处理语句中被绑定的参数一样多的键值对数组的方式执行预处理语句。从图 6.10 中可以看出，两种方法都执行成功。

（4）问号占位符。PHP 中在执行预处理语句时，还可以使用问号占位符的方式，它与参数占位符在使用时有些不同。接下来通过使用问号占位符来实现与［例 6.9］一样的功能，如［例 6.10］所示。

【例 6.10】 预处理语句的使用。

```
1.    <? php
2.    header ('Content-Type: text/html; charset=utf-8');
3.    try{
4.    //实例化 PDO 创建数据库服务器连接
5.    $pdo = new PDO ("mysql: host=127.0.0.1; dbname=db_shop; charset=utf8", "root", "123456");
6.    //执行 SQL 语句
7.    $stmt = $pdo->prepare ("insert into `tb_product` (pid, pname) values (？, ？) ");
8.    //设置变量
9.    $pid = "9";
10.    $pname = "苹果手机";
11.    //绑定变量
12.    $stmt->bindParam (1, $pid, PDO:: PARAM_INT);
13.    $stmt->bindParam (2, $pname, PDO:: PARAM_STR);
14.    //打印执行结果
```

15.　　var_dump（$stmt->execute（ ））；
16.　　//设置变量
17.　　$pid = "10";
18.　　$pname = "三星手机";
19.　　//打印使用一个含有插入值的数组的执行结果
20.　　var_dump（$stmt->execute（array（$pid，$pname）））；
21.　　}catch（PDOException $e）{
22.　　//输出异常信息
23.　　echo $e->getMessage（ ）.'
';
24.　　}

［例 6.10］的运行结果如图 6.11 所示。

在上例中，由于第 7 行代码使用的是问号占位符，所以在第 12～13 行代码中 bindParam( )方法的第一个参数是以 1 开始的索引，同时，在第 20 行代码中可以直接为 execute( )方法插入一个数字索引的数组参数。

图 6.11　［例 6.10］的运行结果

3. PDO 处理结果集

执行完 SQL 语句后，就可以对结果集进行处理，在 PDO 中常用有获取结果集的方式有 3 种：fetch()、fetchColumn()及 fetchAll()，下面分别详细介绍这三种方式的用法和区别。

（1）fetch( )。PDO 中的 fetch( )方法可以从结果集中获取下一行数据，其声明方式如下：

mixed PDOStatement：：fetch　（[int $fetch_style [，int $cursor_orientation =
　　PDO：：FETCH_ORI_NEXT [，int $cursor_offset = 0]]]）

在上述声明中，所有参数都为可选参数，其中$fetch_style 参数用于控制结果集的返回方式，其值必须是 PDO：：FETCH_*系列常量中的一个，其可选常量见表 6.3。参数 $cursor_orientation 是 PDOStatement 对象的一个滚动游标，可用于获取执行的一行，$cursor_offset 参数表示游标的偏移量。

表 6.3　　　　　　　　　　　　　　　　　PDO：：FETCH_*系列常量

常量名	说　　明
PDO：：FETCH_ASSOC	返回一个键为结果集字段名的关联数组
PDO：：FETCH_BOTH（默认）	返回一个索引为结果集列名和以 0 开始的列号的数组
PDO：：FETCH_BOUND	返回 TRUE，并分配结果集中的列值给 bindColumn（ ）方法绑定的 PHP 变量
PDO：：FETCH_CLASS	返回一个请求类的新实例，映射结果集中的列名到类中对应的属性名
PDO：：FETCH_INTO	更新一个已存在的实例，映射结果集中的列到类中命名的属性
PDO：：FETCH_LAZY	返回一个包含关联数组、数字索引数组和对象的结果
PDO：：FETCH_NUM	返回一个索引以 0 开始的结果集列号的数组
PDO：：FETCH_OBJ	返回一个属性名对应结果集列名的匿名对象

注　fetchObject( )方法是 fetch( )使用 PDO：：FETCH_CLASS 或 PDO：：FETCH_OBJ 这两种数据返回方式的一种替代。

（2）fetchColumn( )。在项目中，如果想要获取结果集中单独一列，则可以使用 PDO 提供的 fetchColumn( )方法，其语法格式如下：

string PDOStatement： ：fetchColumn （[int $column_number = 0]）

在上述声明中，可选参数$column_number 用于设置行中列的索引号，该值从 0 开始。如果省略该参数，则获取第一列。该方法执行成功则返回单独的一列，否则返回 FALSE。

（3）fetchAll( )。在项目中，如若想要获取结果集中所有的行，则可以使用 PHP 提供的 fetchAll( )方法，其语法格式如下：

array PDOStatement： ： fetchAll （[int $fetch_style [, mixed $fetch_argument [, array $ctor_args = array （）]]]）

在上述声明中，$fetch_style 参数用于控制结果集中数据的返回方式，默认值为 PDO：：FETCH_BOTH，参数$fetch_argument 根据$fetch_style 参数的值的变化而有不同的意义，具体见表 6.4。参数$ctor_args 用于表示当$fetch_style 参数的值为 PDO：： FETCH_CLASS 时，自定义类的构造函数的参数。

表 6.4　　　　　　　　　　　　　fetch_argument 参数的意义

fetch_style 参数取值	fetch_argument 参数的意义
PDO：：FETCH_COLUMN	返回指定以 0 开始索引的列
PDO：：FETCH_CLASS	返回指定类的实例，映射每行的列到类中对应的属性名
PDO：：FETCH_FUNC	将每行的列作为参数传递给指定的函数，并返回调用函数后的结果

需要注意的是，使用 fetchAll( )方法获取的结果集仅当数据量过大时可能会占用大量的网络资源；而小量的数据则效率高（例如有了 limit 之后），请慎重使用此方法。

4. PDO 错误处理机制

人们常说："金无足赤，人无完人"，所以再健壮的程序，也难免会出现各种各样的错误，比如语法错误、逻辑错误等。在 PDO 的错误处理机制中，提供了 3 种不同的错误处理模式，以满足不同环境的程序开发。

（1）PDO：：ERRMODE_SILENT。

此模式在错误发生时不进行任何操作，只简单的设置错误代码，程序员可以通过 PDO 提供的 errorCode( )和 errorInfo( )这两个方法对语句和数据库对象进行检查。如果错误是由于调用语句对象 PDOStatement 而产生的，那么可以使用这个对象调用这两个方法；如果错误是由于调用数据库对象而产生的，那么可以使用数据库对象调用上述两个方法。

（2）PDO：：ERRMODE_WARNING。

当错误发生时，除了设置错误代码外，PDO 还将发出一条 E_WARNING 信息，所以在项目的调试或测试期间，如果想要查看发生了什么问题且不中断应用程序的流程，则可以使用 PDO：： setAttribute( )方法来设置，具体使用方式如下：

PDO：：setAttribute（PDO：：ATTR_ERRMODE，PDO：：ERRMODE_WARNING）；

接下来通过一个案例来演示这两种方式的用法，如［例 6.11］所示。

【例 6.11】 PDO 错误处理机制示例。

```php
1.  <? php
2.  header ("Content-Type: text/html; charset=utf-8");
3.  //实例化 PDO 创建数据库服务器连接
4.  $pdo = new PDO ("mysql: host=127.0.0.1; dbname=db_shop; charset=utf8", "root", "123456");
5.  $pdo->setAttribute (PDO:: ATTR_ERRMODE, PDO:: ERRMODE_WARNING);
6.  //执行 SQL 语句
7.  $sql = "insert into tb_product (pname, pprice) values (?, ?) ";
8.  $pname="苹果手机";
9.  $pprice ="3999";
10. $stmt = $pdo->prepare ($sql);
11. $stmt->execute (array ($pname, $pprice));
12. //获取 SQLSTATE 值
13. $code = $stmt->errorCode ();
14. if ((int) $code) {
15. echo '添加数据失败: '.'<br>';
16. echo 'error code: '.$sql.'<br>';
17. print_r ($stmt->errorInfo ());
18. }else{
19. echo '添加数据成功';
20. }
```

［例 6.11］的运行结果如图 6.12 所示。

在上例中，第 5 行代码用于表示当错误发生时，发出一个警告信息，但不影响程序继续执行。而第 13～19 行代码则采用的是 PDO 默认的错误模式 PDO:: ERRMODE_SILENT，即当错误发生时只设置错误代码，若想要看到相关的错误信息，则需要通过 PDOStatement:: errorInfo()方法进行输出。

添加数据成功

图 6.12 ［例 6.11］的运行结果

（3）PDO:: ERRMODE_EXCEPTION。

当错误发生时需要抛出相关异常，可以使用 PDO 提供的 PDO:: ERRMODE_EXCEPTION 错误模式，它在项目调试当中较为实用，可以快速地找到代码中问题的潜在区域，与其他发出警告的错误模式相比，用户可以自定义异常，而且检查每个数据库调用的返回值时，异常模式需要的代码更少。具体使用方式如下：

PDO:: setAttribute (PDO:: ATTR_ERRMODE, PDO:: ERRMODE_EXCEPTION);

为了让读者更好地理解抛出异常错误模式，接下来使用 PDO:: ERRMODE_EXCEPTION 实现［例 6.11］中的错误处理，如［例 6.12］所示。

【例 6.12】 PDO 错误处理机制示例。

```php
1.  <? php
2.  try{
```

```
3.    //实例化 PDO 创建数据库服务器连接
4.    $pdo = new PDO（"mysql：host=127.0.0.1；dbname=db_shop；charset=utf8"，"root"，"123456"）；
5.    $pdo->setAttribute（PDO：：ATTR_ERRMODE，PDO：：ERRMODE_EXCEPTION）；
6.    //执行 SQL 语句
7.    $sql = "insert into tb_product（pname，pprice）values（？，？）"；
8.    $pname="苹果手机"；
9.    $pprice ="3999"；
10.   $stmt = $pdo->prepare（$sql）；
11.   $stmt->execute（array（$pname，$pprice））；
12.   echo "执行成功"；
13.   }catch（PDOException $e）{
14.   echo '执行出错：'.$e->getMessage（）；
15.   }
```

执行成功

图 6.13　［例 6.12］的运行结果

［例 6.12］的运行结果如图 6.13 所示。

在上例，第 5 行代码设置了异常模式，当程序运行发生错误时，抛出异常并将相关的错误信息输出，从图 6.13 可知，当抛出异常后，程序将停止执行以下的代码。

6.3.3　实施步骤

1．数据库设计

创建产品表，用于保存产品的名称、价格和上架时间等信息。建表的 SQL 语句如下：

```
CREATE TABLE IF NOT EXISTS `tb_product`（
    `pid` int（11） NOT NULL AUTO_INCREMENT COMMENT '产品 ID'，
    `pname` varchar（255） NOT NULL COMMENT '产品名称'，
    `pcontent` text NOT NULL COMMENT '内容'，
    `ptime` date NOT NULL COMMENT '时间'，
    `pprice` float NOT NULL COMMENT '价格'，
    PRIMARY KEY （`pid`）
） ENGINE=MyISAM   DEFAULT CHARSET=utf8 AUTO_INCREMENT=9 ；
```

2．添加测试使用的产品数据

```
INSERT INTO `tb_product` （`pid`，`pname`，`pcontent`，`ptime`，`pprice`） VALUES
（5，'雪糕筒'，'雪糕筒'，'2015-08-01'，30.5），
（6，'安全背心'，'安全背心'，'2014-09-01'，50），
（7，'反光背心'，'反光背心'，'2013-08-01'，24），
（8，'安全坐椅'，'安全坐椅'，'2014-08-01'，900）；
```

3．设置数据库连接参数，进行连接数据库

创建 product.php 文件，设置要连接的数据库驱动名，设置数据库服务器主机名、端口号、需要选择的数据库用户名、密码和设置的字符集。

```
1.    <? php
2.    header（'Content-Type：text/html；charset=utf-8'）；
```

```
3.   //数据库服务器类型是 MySQL
4.   $dbms = 'mysql';
5.   //数据库服务器主机名，端口号，选择的数据库
6.   $host = 'localhost';
7.   $port = '3306';
8.   $dbname = 'db_shop';
9.   //用户名和密码
10.  $user = 'root';
11.  $pwd = '123456';
12.  $dsn = "$dbms：host=$host；dbname=$dbname";
13.  //设定字符集
14.  $options = array（PDO：：MYSQL_ATTR_INIT_COMMAND => 'SET NAMES \'UTF8\''）;
15.  //创建数据库连接
16.  try{
17.  $pdo = new PDO（$dsn，$user，$pwd，$options）;
18.  echo 'PDO 连接 MySQL 数据库成功';
19.  }catch（PDOException $e）{
20.  //输出异常信息
21.  echo $e->getMessage（）.'<br>';
22.  }
```

4. 执行 SQL 语句

继续编写 product.php 文件，通过 PDO 类的 query 方法执行 SQL 语句。

```
1.   try{
2.   //执行 SQL 语句
3.   $sql = 'select * from `tb_product`';
4.   $result = $pdo->query（$sql）;
5.   //定义数组用于保存信息
6.   $product_info = array（）;
7.   //遍历结果集，获取产品的详细信息
8.   while（$row = $result->fetch（））{
9.       $product_info[] = $row;
10.  }
11.  }catch（PDOException $e）{
12.  //输出异常信息
13.  echo $e->getMessage（）.'<br>';
14.  }
15.  //加载 HTML 模板文件
16.  require（'product_html.php'）;
```

5. 展示产品信息

编写 Html 模板文件 product_html.php，展示产品信息。代码如下：

```
1.   <! doctype html>
2.   <html>
3.    <head>
```

```
4.      <meta charset="utf-8">
5.      <title>PDO 基本使用</title>
6.      <style>
7.      …
8.      </style>
9.      </head>
10.     <body>
11.         <h2>产品信息列表</h2>
12.     <table class="tbl">
13.     <tr>
14.         <td>产品名称</td>
15.         <td>产品价格</td>
16.         <td>上架日期</td>
17.     </tr>
18.     <? php foreach（$product_info as $row）：? >
19.     <tr>
20.         <td><? php echo $row['pname']；? ></td>
21.         <td><? php echo $row['pprice']；? ></td>
22.         <td><? php echo $row['ptime']；? ></td>
23.     </tr>
24.     <? php endforeach；? >
25.     </table>
26.     </body>
27.     </html>
```

产品信息列表

产品名称	产品价格	上架日期
雪糕筒	30.5	2015-08-01
安全背心	50	2014-09-01
反光背心	24	2013-08-01
安全坐椅	900	2014-08-01

运行 product.php 文件，产品信息展示结果如图 6.14 所示。

图 6.14　产品信息展示结果

小　　结

本项目主要介绍了在电子商城项目中要使用到的会话技术 Session 和 Cookie 技术、文件上传技术和 PDO 扩展技术，为后继的电子商城项目开发奠定基础。

电子商城的设计与实现

【教学目标】

1. 掌握电子商城网站的需求分析，学会数据库的设计。
2. 掌握商品分类、商品管理功能模块的实现。
3. 掌握会员中心、商品展示、购物车功能模块的实现。

【项目导航】

近年来随着 Internet 的不断发展，利用电子商务网站购物在日常生活中随处可见，电子商城，实际上就是电子商务网站，是企业为消费者提供的网上虚拟的购物商城。在网站中，用户可以购买任何商品，而管理员可以对商品和订单等信息进行管理。在深入学习前面章节的知识后，我们已经熟练地掌握了 PHP 语言，本项目将通过电子商城的开发实战，将前面所学的知识融会贯通，真正掌握 PHP 网站开发技术，积累开发经验。

任务 7.1 MVC 的典型实现

MVC 是 20 世纪 80 年代发明的一种软件设计模式，至今已被广泛使用。MVC 设计模式强制性的使应用程序中的输入、处理和输出分开，将软件系统分成了三个核心部件：模型（Model）、视图（View）、控制器（Controller），它们各自处理自己的任务，MVC 这个名称就是由 Model、View、Controller 这三个单词的首字母组成的。

在用 MVC 进行的 Web 程序开发中，模型是指处理数据的部分，视图是指显示到浏览器中的网页，控制器是指处理用户交互的程序。例如，提交表单时，由控制器负责读取用户提交的数据，然后向模型发送数据，再通过视图将处理结果显示给用户。接下来通过一个图例来演示 MVC 的工作流程，如图 7.1 所示。

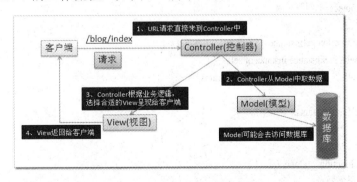

图 7.1　MVC 的工作流程

7.1.1 模型

1. 数据库操作类

模型是处理数据的，而数据是存储在数据库里的。在项目中，所有对数据库的直接操作，都应该封装到一个数据库操作类中。

【例 7.1】 数据库操作类定义示例。

```php
1. <? php
2. /*PDO-MySQL 数据库操作类 */
3. class MySQLPDO{
4. //数据库默认连接信息
5. private $dbConfig = array（
6.     'db'   => 'mysql', //数据库类型
7.     'host' => 'localhost', //服务器地址
8.     'port' => '3306', //端口
9.     'user' => 'root', //用户名
10.    'pass' => '', //密码
11.    'charset' => 'utf8', //字符集
12.    'dbname' => 'db_shop', //默认数据库
13. );
14. //单例模式 本类对象引用
15. private static $instance;
16. //PDO 实例
17. private $db;
18. /* 私有构造方法
19. *@param $params array 数据库连接信息
20. */
21. private function __construct（$params）{
22.     //初始化属性
23.     $this->dbConfig = array_merge（$this->dbConfig，$params）;
24.     //连接服务器
25.     $this->connect（）;
26. }
27. /* 获得单例对象
28. * @param $params array 数据库连接信息
29. * @return object 单例的对象
30. */
31. public static function getInstance（$params = array（））{
32.     if（! self:: $instance instanceof self）{
33.         self:: $instance = new self（$params）;
34.     }
35.     return self:: $instance; //返回对象
36. }
37. /* 私有克隆 */
38.     private function __clone（）  {}
39. /*连接目标服务器 */
```

```
40.  private function connect（）{
41.      try{//连接信息
42.      $dsn = "{$this->dbConfig['db']}：host={$this->dbConfig['host']}；port={$this->dbConfig['host']}；dbname={$this->
         dbConfig['dbname']}；charset={$this->dbConfig['charset']}";
43.          //实例化 PDO
44.          $this->db = new PDO（$dsn，$this->dbConfig['user']，$this->dbConfig['pass']）;
45.          //设定字符集
46.          $this->db->query（"set names {$this->dbConfig['charset']}"）;
47.      }catch（PDOException $e）{
48.          //错误提示
49.          die（"数据库操作失败：{$e->getMessage（）}"）;
50.      }
51. }
52. /*  执行 SQL
53.  * @param $sql string  执行的 SQL 语句
54.  * @return object PDOStatement
55.  */
56. public function query（$sql）{
57.      $rst = $this->db->query（$sql）;
58.      if（$rst===false）{
59.          $error = $this->db->errorInfo（）;
60.          die（"数据库操作失败：ERROR {$error[1]}（{$error[0]}）：{$error[2]}"）;
61.      }
62.      return $rst;
63. }
64. /*  预处理方式执行 SQL
65.  * @param $sql string  执行的 SQL 语句
66.  * @param $data array  数据数组
67.  * @param &$flag bool  是否执行成功
68.  * @return object PDOStatement
69.  */
70.  public function execute（$sql，$data，&$flag=true）{
71.      $stmt = $this->db->prepare（$sql）;
72.      $flag = $stmt->execute（$data）;
73.      return $stmt;
74.  }
75. /*取得一行结果
76.  * @param $sql string  执行的 SQL 语句
77.  * @return array  关联数组结果
78.  */
79. public function fetchRow（$sql，$data=array（））{
80.      return $this->execute（$sql，$data）->fetch（PDO::FETCH_ASSOC）;
81. }
82. /*  取得所有结果
83.  * @param $sql string  执行的 SQL 语句
84.  * @return array  关联数组结果
```

```
85.  */
86. public function fetchAll（$sql，$data=array（）） {
87.    return $this->execute（$sql，$data）->fetchAll（PDO::FETCH_ASSOC）;
88.  }
89. }
```

2. 模型类

在实际项目中，通常是在一个数据库中建立多个表来管理数据。MVC 中的模型，其实就是为项目中的每个表建立一个模型。如果用面向对象的思想，那么每个模型都是一个模型类，对表的所有操作都要放到模型类中完成。

前面学习了数据库操作类，实例化数据库操作类是所有模型类都要经历的一步，因此需要一个基础模型类来完成这个任务。

创建基础模型类，将文件命名为 model.class.php。代码如下：

【例 7.2】 基础模型类定义示例。

```
1.  <? php
2.  /* 基础模型类 */
3.  class model {
4.  protected $db；  //保存数据库对象
5.  public function __construct（） {
6.      $this->initDB（）;  // 初始化数据库
7.  }
8.  private function initDB（） {
9.      //配置数据库连接信息
10.     $dbConfig = array（'user'=>'root', 'pass'=>'', 'dbname'=>'db_shop'）;
11.     //实例化数据库操作类
12.     $this->db = MySQLPDO::getInstance（$dbConfig）;
13.  }
14. }
```

创建商品 goods 模型类，将文件命名为 goodsModel.class.php，代码如下：

【例 7.3】 商品 goods 模型类定义示例。

```
1.  <? php
2.  /*goods 表的操作类，继承基础模型类 */
3.  class goodsModel extends model{
4.  /* 查询所有商品 */
5.  public function getAll（） {
6.    $data = $this->db->fetchAll（'select * from `goods`'）;
7.    return $data;
8.  }
9.  /* 查询指定 id 的商品 */
10. public function getByID（$id） {
11.    $data = $this->db->fetchRow（"select * from `goods` where id={$id}"）;
12.     return $data;
13.  }
14. }
```

基础模型类负责实例化数据库操作类，goods 模型类负责处理与 goods 表相关的数据，最后只需调用 goods 模型中的方法即可获得数据。由此可见，将所有与数据相关的操作交给模型类之后，处理数据的代码就被分离出来，使代码更易于管理，开发团队能更好地分工协作。

7.1.2　控制器

控制器是 MVC 应用程序中的指挥官，它接收用户的请求，并决定需要调用哪些模型进行处理，再用相应的视图显示从模型返回的数据，最后通过浏览器呈现给用户。

1．模块

如果用面向对象的方式实现控制器，就需要先理解模块（Module）的概念。一个成熟的项目是由多个模块组成的，每个模块又是一系列相关功能的集合。接下来通过一个图例来演示项目中的模块，如图 7.2 所示。

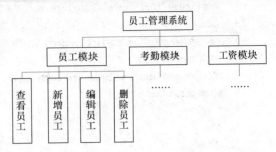

图 7.2　项目中的模块

在图 7.2 中，一个员工管理系统分成了员工、考勤、工商三个模块，在员工模块下有"查看员工""新增员工""编辑员工""删除员工"四个功能。从图中可以看出，员工模块是员工相关功能的集合。

2．控制器类

正如模型是根据数据表创建的，控制器则是根据模块创建的，即每个模块对应一个控制器类，模块中的功能都在控制器类中完成。因此，控制器类中定义的方法，就是模块中的功能（Action）。接下来通过一个案例来学习控制器类的创建和使用，如［例 7.4］所示。

【例 7.4】 控制器的创建与使用。

（1）创建一个 goods 控制器类，将文件命名为 goodsController.class.php。代码如下：

```php
1.  <? php
2.  /* 商品模块控制器类 */
3.  class GoodsController{
4.  /*商品列表*/
5.  public function listAction（）{
6.      //实例化模型，取出数据
7.      $goods = new goodsModel（）;
8.      $data = $goods->getAll（）;
9.      //载入视图文件
10.     require 'goods_list.html';
11. }
12. /* 查看指定商品信息*/
13. public function infoAction（）{
14.     //接收请求参数
15.     $id = $_GET['id'];
16.     //实例化模型，取出数据
17.     $goods = new goodsModel（）;
```

```
18.        $data = $goods->getById（$id）；
19.        //载入视图文件
20.        require 'goods_info.html';
21.    }
22. }
```

（2）为商品列表功能创建视图文件，文件名为 goods_list.html，代码如下：

```
1.   <! DOCTYPE html PUBLIC "-//W3C//DTD XHTML 1.0 Transitional//EN"
2.    "http：//www.w3.org/TR/xhtml1/DTD/xhtml1-transitional.dtd">
3.   <huml xmlns="http：//www.w3.org/1999/xhtml">
4.   <head>
5.   <meta http-equiv="Content-Type" content="text/html； charset=UTF-8" />
6.   <style type="text/css">
7.   table{border-collapse： collapse； text-align： center； }
8.   a{text-decoration： none； }
9.   </style>
10.  </head>
11.  <body>
12.  <h1>商品列表</h1>
13.  <table width="300" border="1">
14.    <tr><th>ID</th><th>商品名称</td><th>操作</th></tr>
15.    <? php foreach（$data as $v）： ? >
16.    <tr>
17.     <td><? php echo $v['id']； ? ></td>
18.      <td><? php echo $v['name']； ? ></td>
19.      <td><a href="index.php? id=<? php echo $v['id']； ? >">查看</a></td>
20.    </tr>
21.    <? php endForeach； ? >
22.  </table>
23.  </body>
24.  </html>
```

（3）为查看商品信息功能创建视图文件，文件名为 goods_info.html，代码如下：

```
1.   <! DOCTYPE html PUBLIC "-//W3C//DTD XHTML 1.0 Transitional//EN"
2.    "http：//www.w3.org/TR/xhtml1/DTD/xhtml1-transitional.dtd">
3.   <html xmlns="http：//www.w3.org/1999/xhtml">
4.   <head>
5.   <meta http-equiv="Content-Type" content="text/html； charset=UTF-8" />
6.   <style type="text/css">
7.   table{border-collapse： collapse； text-align： center； }
8.   a{text-decoration： none； }
9.   </style>
10.  </head>
11.  <body>
12.  <h1>查看商品信息</h1>
13.  <table width="300" border="1">
```

14. `<tr><th>ID</th><td><? php echo $data['id'];　? ></td></tr>`
15. `<tr><th>商品名称</th><td><? php echo $data['name'];　? ></td></tr>`
16. `<tr><th>商品描述</th><td><? php echo $data['describe'];　? ></td></tr>`
17. `<tr><th>商品价格</th><td><? php echo $data['price'];　? ></td></tr>`
18. `</table>`
19. `<a href="index.php">返回</a>`
20. `</body>`
21. `</html>`

（4）测试 goods 控制器类。编辑 index.php，代码如下：

1. `<? php`
2. `header（'Content-Type：text/html；charset=utf8'）;`
3. `//载入数据库操作类`
4. `require（'MySQLPDO.class.php'）;`
5. `//载入模型文件`
6. `require 'model.class.php';`
7. `require 'goodsModel.class.php';`
8. `//载入控制器类`
9. `require 'goodsController.class.php';`
10. `$goods = new GoodsController（）;`
11. `//根据有无 get 参数调用不同的 Action`
12. `if（empty（$_GET））{`
13. `$goods->listAction（）;`
14. `}else{`
15. `$goods->infoAction（）;`
16. `}`

在浏览器中访问 index.php，运行结果如图 7.3 所示。

点击"查看"链接，运行结果如图 7.4 所示。

图 7.3　访问 index.php［例 7.4］的运行结果

图 7.4　"查看"链接［例 7.4］的运行结果

在［例 7.4］中，第一步创建了 goods 控制器类，类中有两个方法：listAction( )和 infoAction( )，用于查看商品列表和商品信息。在 listAction( )中，首先载入模型文件，然后实例化模型，调用 getAll( )方法取得数据，最后载入 goods_list.html 视图。第二步创建 goods_list.html 视图文件，使用 PHP 替代语法和 HTML 结合的形式，输出$data 数组中的数据。第三步也是创建视图文件。第四步创建了 index.php 入口文件，用于载入和实例化 goods 控制器，根据有无 GET 参数调用不同的方法。至此，模型、视图和控制器三者的分离已经实现了。

前端控制器是项目的入口文件 index.php。使用 MVC 开发的是一种单一入口的应用程序，传统的 Web 程序是多入口的，即通过访问不同的文件来完成用户请求。例如教务管理系统，管理学生时访问 student.php，管理教师时访问 teacher.php。单入口程序只有一个 indcx.php 提供用户访问。

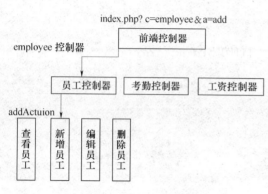

图 7.5 请求分发的流程

前端控制器也称为请求分发器（dispather），通过 URL 参数判断用户请求了哪个功能，然后完成相关控制器的加载、实例化、方法调用等操作。接下来通过一个图例来演示请求分发的流程，如图 7.5 所示。

在图 7.5 中，前端控制器 index.php 接收到两个 GET 参数：c 和 a。c 代表 Controller，a 代表 Action，所以"c=employee&a=add"表示 employee 控制器里的 add 方法。

接下来通过一个案例分步骤来实现前端控制器的请求分发，如例 7.5 所示。

【例 7.5】 实现前端控制器的请求分发。

（1）编辑入口文件 index.php，代码如下：

```
1.  <? php
2.  /* 前端控制器*/
3.  header（'Content-Type：text/html； charset=utf8'）;
4.  //载入数据库操作类
5.  require（'MySQLPDO.class.php'）;
6.  //载入模型文件
7.  require 'model.class.php';
8.  require 'goodsModel.class.php';
9.  //得到控制器名
10. $c = isset（$_GET['c']） ？ $_GET['c'] ： 'goods';
11. //载入控制器文件
12. require './'.$c.'Controller.class.php';
13. //实例化控制器（可变变量）
14. $controller_name = $c.'Controller';
15. $controller = new $controller_name;
16. //得到方法名
17. $action = isset（$_GET['a']） ？ $_GET['a'] ： 'list';
18. //调用方法（可变方法）
19. $action_name = $action.'Action';
20. $controller->$action_name（）;
```

（2）修改视图文件中的链接。将 goods_list.html 的第 19 行修改为：

```
<td><a href="index.php? c=goods&a=info&id=<? php echo $v['id'];   ? >">查看</a></td>
```

（3）在浏览器中访问 index.php，运行结果与图 7.3 和图 7.4 相同。

在［例 7.5］的程序中，第 10 行获取 GET 参数中的控制器名，默认为 goods；第 17 行获取 GET 参数中的方法名，默认为 list。所以访问 index.php 时，没有 GET 参数访问到的是默认的"商品列表"方法，而"商品信息"需要完整的 GET 参数才能访问。以上就是一个典型的前端控制器的实现。

7.1.3　框架

MVC 开发模式将整个项目分成了应用（application）与框架（framework）两部分，在应用中处理与当前站点相关的业务逻辑，在框架中封装所有项目公用的底层代码，形成了一个框架式的开发模式。

1. **项目布局**

在实际项目中我们需要一个合理的目录结构来管理这些文件。接下来演示一种常见的 MVC 目录划分方式，如图 7.6 所示。

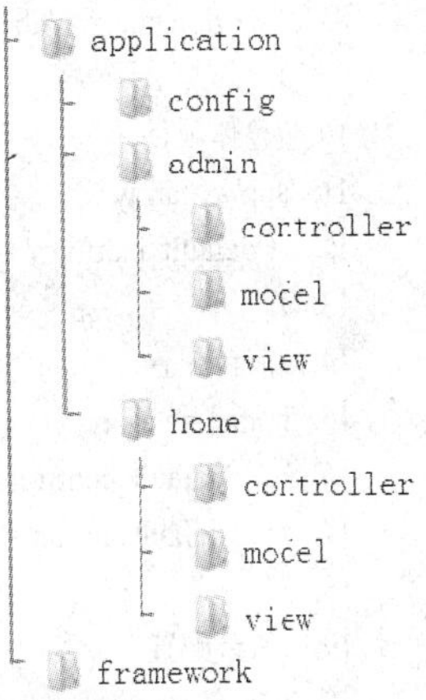

在图 7.6 中，项目首先划分成 application 和 framework 两个目录，application 存放与当前站点的业务逻辑相关的文件，framework 存放与业务逻辑无关的底层库文件。application 下的 config 目录用于保存当前项目的配置文件，admin 和 home 目录代表了网站的平台，其中 admin 表示后台，为网站管理员提供管理功能，home 表示前台，为用户提供服务。前台和后台下都有 controller、model 和 view 三个目录，用于存放与之相关的代码文件。

接下来，将前面创建的数据库操作类、基础模型类、goods 模型类、goods 控制器类、视图文件、入口文件，以图 7.9 所示的目录结构进行分配。分配后的结果见表 7.1。

图 7.6　MVC 的目录划分

表 7.1　　　　　　　　　　　　项 目 布 局 结 构

文 件 路 径	文件描述
\index.php	入口文件
\framework\MySQLPDO.class.php	数据库操作类
\framework\model.class.php	基础模型类
\application\home\model\goodsModel.class.php	goods 模型类
\application\home\controller\goodsController.class.php	goods 控制器类
\application\home\view\goods_list.html	goods_list 视图文件
\application\home\view\goods_info.html	goods_info 视图文件
\public\	公共文件目录

在表 7.1 中，数据库操作类和基础模型类是通用的代码，在任何项目中都可以用，因此应该放到 framework 目录中。与 goods 相关的模型、控制器和视图都和当前项目有关，应当放到 application 目录中。假设这里开发的是前台功能，所以放在了 home 平台下。

此外，还需要为项目创建配置文件，利用配置文件来统一管理项目中所有可修改的参数和设置。接下来通过一个案例来学习配置文件的创建，如［例 7.6］所示。

【例 7.6】 配置文件的创建。

在 application 下的 config 目录中创建配置文件 config.php，代码如下：

```php
1.  <? php
2.  return array（
3.  //数据库配置
4.  'db' => array（
5.      //读者需要根据自身环境修改此处配置
6.      'user' => 'root',
7.      'pass' => '',
8.      'dbname' => 'db_shop',
9.  ),
10. //整体项目
11. 'app' => array（
12.     'default_platform' => 'home', //默认平台
13. ),
14. //前台配置
15. 'home' => array（
16.     'default_controller' => 'index', //默认控制器
17.     'default_action' => 'index', //默认方法
18. ),
19. //后台配置
20. 'admin' => array（
21.     'default_controller' => 'login', //默认控制器
22.     'default_action' => 'index', //默认方法
23. )
24. );
```

在［例 7.6］中，使用多维数组的方式，分组保存了数据库配置、整体项目配置、前后台配置。将默认的平台、控制器、方法指定为 home 平台下 index 控制器中的 index 方法。

在调整好项目布局之后，还需要解决类文件的加载问题。在项目中大量使用 require 语句显然是不可取的，下面将会讲解如何用自动加载机制解决这个问题。

2. 框架基础类

在程序的初始化阶段，需要完成读取配置、载入类库、请求分发等操作，这些都是项目中的底层代码，我们可以封装一个框架基础类来完成这些任务。接下来通过一个案例来演示框架基础类的工作流程，如图 7.7 所示。

在图 7.7 中，框架基础类封装了读取配置、自动加载和请求分发的工作，而入口文件只需要调用框架基础类即可完成作为前端控制器的

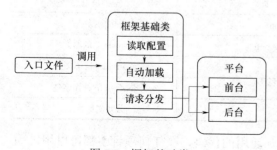

图 7.7　框架基础类

所有任务。接下来通过一个案例分步骤来学习框架基础类的封装与使用，如［例 7.7］所示。

【例 7.7】 框架基础类的封装与使用。

（1）在 framework 目录下新建一个框架基础类 framework.class.php。代码如下：

```php
1.  <? php
2.  /*框架基础类 */
3.  class framework{
4.  public function runApp（）{
5.      $this->loadConfig（）;        //加载配置
6.      $this->registerAutoLoad（）;   //注册自动加载方法
7.      $this->getRequestParams（）;   //获得请求参数
8.      $this->dispatch（）;           //请求分发
9.  }
10. /*注册自动加载方法   */
11. private function registerAutoLoad（）{
12.   spl_autoload_register（array（$this，'user_autoload'）);
13. }
14. /*  自动加载方法
15.  * $param $class_name string  类名
16.  */
17. public function user_autoload（$class_name）{
18.     //定义基础类列表
19.     $base_classes = array（
20.        //类名 => 所在位置
21.        'model'                => './framework/model.class.php',
22.        'MySQLPDO'             => './framework/MySQLPDO.class.php',
23.     );
24.     //依次判断 基础类、模型类、控制器类
25.     if （isset（$base_classes[$class_name]）){
26.        require $base_classes[$class_name];
27.     }elseif （substr（$class_name，-5） == 'Model'）{
28.        require './application/'.PLATFORM."/model/{$class_name}.class.php";
29.     }elseif （substr（$class_name，-10） == 'Controller'）{
30.        require './application/'.PLATFORM."/controller/{$class_name}.class.php";
31.     }
32. }
33. /* 载入配置文件 */
34. private function loadConfig（）{
35.     //使用全局变量保存配置
36.     $GLOBALS['config'] = require './application/config/config.php';
37. }
38. /* 获取请求参数，p=平台  c=控制器 a=方法 */
39. private function getRequestParams（）{
40.     //当前平台
41.     define（'PLATFORM'，isset（$_GET['p']） ? $_GET['p'] ： $GLOBALS['config']['app']['default_platform']);
42.     //得到当前控制器名
```

```
43.     define（'CONTROLLER', isset（$_GET['c']）? $_GET['c']: $GLOBALS['config'] [PLATFORM]['default_controller']）;
44.       //当前方法名
45.       define('ACTION', isset（$_GET['a']）？ $_GET['a'] : $GLOBALS['config'][PLATFORM]['default_action']）;
46. }
47. /*请求分发*/
48. private function dispatch（）{
49.     //实例化控制器
50.     $controller_name = CONTROLLER.'Controller';
51.     $controller = new $controller_name;
52.     //调用当前方法
53.     $action_name = ACTION . 'Action';
54.     $controller->$action_name（）;
55.   }
56. }
```

上述代码封装了读取配置、自动加载、请求分发三大功能，并提供了一个 runApp（）方法，只需一次调用即可完成所有的操作。在读取配置时，将配置文件中的数组保存到了全局变量$GLOBALS['config']中。自动加载使用了 spl_autoload_register（)函数，参数 array（$this，'user_autoload'）代表本类对象中的 user_autoload（)方法。请求分发实现了从 GET参数中获取平台、控制器、方法三个请求参数，并支持配置文件中的默认参数，例如访问home 平台下的 index 控制器中的 index 方法，可以直接访问 index.php，也可以用完整的URL 地址"index.php? p=home&c=index&a=index"进行访问。

（2）修改基础模型类 model.class.php 中的 initDB( )方法，修改结果如下：

```
private function initDB（）{
    //实例化数据库操作类
    $this->db = MySQLPDO：：getInstance（$GLOBALS['config']['db']）;
}
```

通过以上修改，使模型类在实例化数据库操作类时，直接使用全局的数据库配置信息了。

（3）修改控制器 goodsController.class.php 中载入视图的代码，具体如下：
listAction( )方法中的载入视图代码修改为：

```
require './application/home/view/goods_list.html';
```

infoAction( )方法中的载入视图代码修改为：

```
require './application/home/view/goods_info.html';
```

（4）修改入口文件 index.php，具体代码如下：

```
<? php
require './framework/framework.class.php';
$app = new framework;
$app->runApp（）;
```

（5）在浏览器中访问 index.php。

在［例 7.7］中，框架基础类封装了读取配置、自动加载、请求分发三大功能，入口文件只需要实例化框架基础类，调用其中的 runApp()方法即可完成前端控制器的所有任务。

任务 7.2 系统分析与设计

7.2.1 需求分析

在实际项目的开发过程中，往往需要经过需求分析、系统分析、数据库设计等准备工作，然后才进行代码编写。本节将针对项目开发的准备工作进行详细的讲解。

为了降低商城的开发难度，本项目将模仿小米商城的大部分功能进行开发，小米商城首页效果如图 7.8 所示。通过上网调查，将模仿小米商城的功能总结如下：

（1）要求前台具有商品分类列表、购物车等功能。

（2）要求网站前台可以进行用户注册和登录，能够保存用户收货地址。

（3）要求网站后台具有管理员登录、退出以及验证码功能。

（4）要求网站后台能够对商品，商品分类进行管理。

（5）要求网站后台能够在管理商品时，进行添加、修改，删除等操作。

图 7.8 小米商城首页效果

7.2.2 系统分析

1. 开发环境

根据用户的需求和实际的考察与分析，确定电子商城的开发环境，具体如下：

（1）服务器。从稳定性、广泛性及安全性方面考虑，采用市场主流的 Web 服务器软件，以及 Apache 服务器。

（2）数据库。采用最受欢迎的开源数据库管理系统。被誉为 PHP 最佳搭档的 MySQL 数据库服务器。

2. 功能结构

电子商城分为前台模块和后台模块。下面分别给出前、后台功能结构图，具体分别如

图 7.9 和图 7.10 所示。

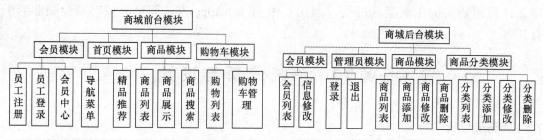

图 7.9 仿小米商城前台模块功能结构图 　　　图 7.10 仿小米商城后台模块功能结构图

7.2.3 数据库设计

数据库的设计对项目功能实现起着至关重要的作用,接下来根据之前的需求分析及系统分析创建一个名为 db_xmshop 的数据库。数据库中数据表具体如下所示。

1. 用户表 shop_users

用户表用于保存网站后以的管理号账号,其结构见表 7.2。

表 7.2　　　　　　　　　　　　　　　　**用 户 表 结 构**

用户表 shop_users				
序号	字段描述	字段	类　型	备　注
1	自增 ID	id	int unsigned	主键
2	姓名	name	varchar（255）	
3	密码	pass	char（32）	
4	性别	sex	enum（'0', '1'）	
5	用户等级	grade	tinyint（1）	等级 1 超级管理员 2 管理员 3 vip 会员 4 普通会员
6	头像	icon	varchar（255）	
7	注册时间	addtime	int unsigned	
8	状态	status	tinyint（1）	状态是否 1 激活或者 0 禁用

2. 商品分类表 categorys

商品分类表用于保存商品的类别,并且可以有子分类,其结构见表 7.3。

表 7.3　　　　　　　　　　　　　　**商 品 分 类 表 结 构**

商品分类表 categorys				
序号	字段描述	字段	类　型	备　注
1	自增 ID	id	int unsigned	主键
2	父级 ID	pid	int unsigned	
3	分类名	name	varchar（255）	

序号	字段描述	字段	类 型	备 注
4	路径	path	varchar（255）	
5	添加时间	addtime	int unsigned	

3. 商品表 goods

商品表用于保存商品的详细信息，如商品名称、价格等，其结构见表 7.4。

表 7.4　　　　　　　　　　　商 品 表 结 构

序号	字段描述	字段	类 型	备 注
		商品表 goods		
1	自增 ID	id	int unsigned	主键
2	商品名	name	varchar（255）	
3	分类 ID	cateid	int unsigned	
4	价格	price	float（8，2）	
5	图片	image	varchar（255）	
6	库存	store	int unsigned	
7	浏览量	views	int unsigned	
8	购买量	buy	int unsigned	
9	商品描述	describe	text	
10	商品状态	status	tinyint（1）	
11	添加时间	addtime	int unsigned	

4. 订单表 orders

订单表用于保存用户所下订单信息，其结构见表 7.5。

表 7.5　　　　　　　　　　订 单 表 结 构

序号	字段描述	字段	类 型	备 注
		订单表 orders		
1	自增 ID	id	int unsigned	主键
2	用户 ID	uid	int unsigned	
3	收货人	name	varchar（255）	
4	电话	tel	char（11）	
5	收货地址	address	varchar（255）	
6	总金额	price	float（10，2）	
7	订单状态	status	tinyint（1）	
8	添加时间	addtime	int unsigned	

5.　订单详情 orderdetail

订单详情表记录每一个订单具体的购买商品的详细信息，其结构见表 7.6。

表 7.6　　　　　　　　　　　　订 单 详 情 表 结 构

		订单详情 orderdetail		
序号	字段描述	字段	类 型	备 注
1	自增 ID	id	int unsigned	主键
2	用户 ID	uid	int unsigned	
3	所属订单 ID	oid	int unsigned	
4	商品 ID	gid	int unsigned	
5	商品名称	goodsname	varchar（255）	
6	商品价格	price	float（10，2）	
7	商品数量	buy	int unsigned	

7.2.4　目录结构

为了方便以后的开发工作、规范项目整体架构，在开发之前，应该创建好相关的功能目录。在 7.1.3 框架这一小节中列出了典型的 MVC 目录结构，仿小米商城将仿照这个结构创建自己的目录结构，见表 7.7。

表 7.7　　　　　　　　　　　**仿小米商城目录结构图**

文 件 路 径	文 件 描 述
\index.php	入口文件
\framework\framework.class.php	框架基础类
\framework\MySQLPDO.class.php	数据库操作类
\framework\page.class.php	分页操作类
\framework\upload.class.php	上传文件类
\framework\tree.class.php	树型结构类
\framework\model.class.php	基础模型类
\application\config\config.php	项目配置文件
\application\Common\	前台和后台模块公用的文件
\application\Common\font\	生成验证码的字体文件
\application\Common\code.php	生成验证码代码文件
\application\home\model\	前台模型类目录（只列出了部分模型）
\application\home\model\goodsModel.class.php	前台 goods 模型
\application\home\controller\	前台控制器目录（只列出了部分控制器）
\application\home\controller\ goodsController.class.php	前台 goods 控制器
\application\home\controller\platformController.class.php	前台平台控制器

续表

文　件　路　径	文　件　描　述
\application\home\view\	前台的视图文件（只列出了部分视图）
\application\home\view\index.html	前台首页视图文件
\application\home\view\ login.html	前台会页登录视图文件
\application\home\view\goods_info.html	前台 goods_info 视图文件
\application\admin\model\	后台模型类目录（只列出了部分模型）
\application\admin\model\adminModel.class.php	后台 admin 模型
\application\admin\model\goodsModel.class.php	后台 goods 模型
\application\admin\controller\	后台控制器目录（只列出了部分控制器）
\application\admin\controller\goodsController.class.php	后台 goods 控制器
\application\admin\controller\platformController.class.php	后台平台控制器
\application\admin\controller\adminController.class.php	后台 admin 控制器
\application\admin\view\	后台的视图文件（只列出了部分视图）
\application\admin\view\ login.html	后台登录视图文件
\application\admin\view\ index.html	后台控制台视图文件
\public\	公共文件目录
\public\homecss\	前台使用的 css 文件
\public\homejs\	前台使用的 js 文件
\public\homeimags\	前台使用的 images 文件
\public\css\	后台使用的 css 文件
\public\js\	后台使用的 js 文件
\public\imags\	后台使用的 images 文件
\public\goods\	上传的商品图片的保存目录

　　在表 7.7 中，入口文件 index.php 和整个 framework 目录可以直接使用 7.1.3 创建的 MVC 框架，本项目的开发主要在 application 目录中完成。public 是公共文件目录，用于存放图片、css 文件、js 文件、用户上传的文件等。MVC 项目是单入口程序，可以将 application 和 framework 目录的权限配置为禁止访问，仅开放项目根目录和 public 目录的访问，以提高安全性。

7.2.5　配置文件

　　修改在项目的 application 下的 config 目录中配置文件 config.php，按照自己的情况修改数据库连接配置等信息，代码如下：

```
1.  <? php
```

```
2.  return array（
3.  //数据库配置
4.  'db' => array（
5.     //读者需要根据自身环境修改此处配置
6.     'user' => 'root',
7.     'pass' => '123456',
8.     'dbname' => 'db_xmshop',
9.  ),
10. //整体项目
11. 'app' => array（
12.    'default_platform' => 'home',  //默认平台
13. ),
14. //前台配置
15. 'home' => array（
16.    'default_controller' => 'index',  //默认控制器
17.    'default_action' => 'index',  //默认方法
18. ),
19. //后台配置
20. 'admin' => array（
21.    'default_controller' => 'admin',  //默认控制器
22.    'default_action' => 'index',  //默认方法
23. )
24. );
```

上述代码配置了数据库的连接信息、项目默认的平台、控制器和方法。

任 务 7.3 前 台 模 块 实 现

前台模块包括显示商品分类、显示商品、购物车三个功能，接下来分步骤详细讲解前台模块具体功能的开发。

7.3.1 前台首页模块

前台首页模块就是指网站的首页，在仿小米商城项目中，网站的首页效果如图 7.11 所示。从图 7.11 中可以看出，商城首页共分为顶部菜单、主导航、商品分类列表、分类商品精品推荐等模块，接下来对其中最具有代表性的商品分类列表和分类商品精品推荐功能进行讲解。

1. 首 页 视 图

为了使读者更直观地看到完成效果，接下来通过［例 7.8］对前台的静态页面进行展示。

【例 7.8】 首页展示。

（1）制作商城前台页面的视图文件。创建文件：\application\home\view\index.html，具体代码如下所示，由于一些栏目，如"搭配"栏目、"配件"栏目、"周边"栏目的结构都是相同的，因而省略部分栏目代码。

图 7.11　仿小米商城首页

1. <! DOCTYPE html>
2. <html>
3. <head>
4.   <title>小米</title>

```
5.          <meta charset="UTF-8" />
6.          <link rel="stylesheet" type="text/css" href="./public/homecss/index.css"/>
7.      </head>
8.      <body>
9.          <! --容器开始-->
10.         <div class="bag1">
11.         <div id="container">
12.             <! --头部开始-->
13.                 <div id="header">
14.                     <! --左边 header 开始-->
15.                     <div class="header_left" >
16. <a href="./index.php" >小米网</a><span class="spl" >|</span>
17. <a href="./index.php" >MIUI</a><span class="spl" >|</span>
18. <a href="./index.php" >米聊</a><span class="spl" >|</span>
19. <a href="./index.php" >游戏</a><span class="spl" >|</span>
20. <a href="./index.php" >多看阅读</a><span class="spl" >|</span>
21. <a href="./index.php" >云服务</a><span class="spl" >|</span>
22. <a href="./index.php" >小米网移动版</a><span class="spl" >|</span>
23. <a href="./index.php" >问题反馈</a><span class="spl" >|</span>
24. <a href="./index.php" >Select Region</a>
25.                 </div>
26.                 <! --左边 header 结束-->
27.                 <! --右边 header 开始-->
28.                 <div class="header_right" >
29.                     <a href="#" ></a>
30.                     <span class="sp">|</span>
31.                     <a href="#" ></a>
32.                     <a href="#" ><img src="./public/homeimage/gw.png"/></a>
33.                 </div>
34.                 <! --右边 header 结束-->
35.                 </div>
36.             <! --头部结束-->
37.             <div class="clear"></div>
38.             <! --导航开始-->
39.                 <div id="nav">
40.                     <div><img class="fl" src="image/m.png"/></div>
41.                     <div class="nav_center fl" >
42. <a href="#">红米</a>          <a href="#">平板</a>
43. <a href="#">电视·盒子</a>      <a href="#">路由器</a>
44. <a href="#">智能硬件</a>       <a href="#">服务</a>
45. <a href="#">社区</a>          </div>
46.                     <div   class="nav_right fr">
47.                         <a href="#" ><img class="fr" style="margin-top：3px；" src="./public/homeimage/jin.png"/></a>
48.                     <div class="nav_right_left fr" >
49.                      <a href="#"   >小米手机 4</a>
50.                          <a href="#" >手环</a>
```

```
51.                </div>
52.                  </div>
53.                    </div>
54.        <! --导航结束-->
55.        <div class="clear"></div>
56.        <! --主体部分开始-->
57.            <div id="main">
58.                <! --主体上边部分左侧开始-->
59.                    <div class="main_top_left fl">
60.                        <ul>
61.                            <li>
62. <a href="#">电视 盒子<span class="fr" style="font-weight：bold"></span></a>
                                </li>
63.                            <! —省略了部分导航代码-->
64.                        </ul>
65.                    </div>
66.                <! --主体上边部分左侧结束-->
67.                <! --主体上边部分右侧开始-->
68.                    <div class="main_top_right">
69.                        <div class="button_left fl"></div>
70.                        <div class="button_right fr"></div>
71.                        <! --yuandian-->
72.                        <div   class="pager">
73.                          <a href="#"></a>
74.                        </div>
75.                        <! --yuandian-->
76.                    </div>
77.                <! --主体上边部分右侧结束-->
78.                <div class="clear"></div>
79.                <! --主体中部分开始-->
80.                    <div class="main_center">
81.                        <a href="" class="fl"><img   src="./public/homeimage/1.png"/> </a>
82.                        <div class="main_center_right fr">
83.                        <a href="#"><img src="./public/homeimage/T1SjWvB5Av1RXrhCrK.jpg"/> </a>
84.                        <a href="#"><img src="./public/homeimage/T1bLhvBgd_1RXrhCrK.jpg"/> </a>
85.                        <a href="#"><img src="./public/homeimage/T1PPA_B4Zv1RXrhCrK.jpg"/> </a>
86.                        </div>
87.                    </div>
88.                <! --主体中部分结束-->
89.                <div class="clear"></div>
90.                <! --主体尾部分开始-->
91. <div class="main_foot_nav" style="color：#333333；"   >小米明星单品</div>
92.                    <div class="main_foot ">
93.                        <div class="main_footer ">
94.                            <a href="#"><img src="./public/homeimage/T1Sz_jBvJT1RXrhCrK.jpg"/></a>
95.                        <div class="clear"></div>
96.                        <a href="#">小米手环</a>
```

97.	<p>美国 ADI 传感器</p>
98.	<p style="color：#FF6709；padding-top：15px；font-size：14px；">1233 元起</p>
99.	</div>
100.	</div>
101.	<! --主体尾部分结束-->
102.	</div>
103.	<! --主体部分结束-->
104.	</div>
105.	<! --容器结束-->
106.	<div class="clear"></div>
107.	<! --容器 2 开始-->
108.	<div class="bag2">
109.	<div id="container2">
110.	<! --主体中心内容开始-->
111.	<div class="center_m">
112.	<! --1-->
113.	<! --center 头-->
114.	<div class="center_m1">
115.	<h2 class="fl" style="color：#333333；" >智能硬件</h2>
116.	<div class="fr">查看全部</div>
117.	</div>
118.	<! --center 头-->
119.	<div class="center_m11">
120.	<div class="fl"><a href="#"><img src="./public/homeimage/ T1zJYvBKLv1RXrhCrK.jpg"/></a></div>
121.	<div class="center_mr fr">
122.	<! --1-4-->
123.	<div class="center_ml ">
124.	<a href="#"><img src="./public/homeimage/T1KDAjBCAT1RXrhCrK.jpg"/></a>
125.	<div class="cl" ></div>
126.	<a href="#">小米手环</a>
127.	<p>美国 ADI 传感器</p>
128.	<p style="color：#FF6709；padding-top：15px；font-size：14px；">1233 元起</p>
129.	</div>
130.	<! --1-4-->
131.	</div>
132.	</div>
133.	<! --1-->
134.	<div class="clear"></div>
135.	<! —2 以下栏目重复，故省略-->
136.	</div>
137.	<! --主体中心内容结束-->
138.	<div class="clear"></div>
139.	<! --页脚开始-->
140.	<! --foot 上边部分开始-->

```
141.        <div class="foot" >
142.            <div class="foot_top">
143.                <ul>
144.                    <li>
145.                        <div   class="fl">
146.                            <img src="./public/homeimage/11.png"/>
147.                        </div>
148.                        <a href="">1 小时快修服务</a>
149.                    </li>
150.                    <! —省略部分代码-->
151.                </ul>
152.            </div>
153.            <div class="clear"></div>
154.            <div   class="foot_main">
155.                <dl class="foot_mainl">
156.                    <dd>帮助中心</dd>
157.                    <dt><a href="#">购物指南</a></dt>
158.                    <dt><a href="#">支付方式</a></dt>
159.                    <dt><a href="#">配送方式</a></dt>
160.                </dl>
161.                <! —省略部分代码-->
162.                <div class="foot_mainr fr">
163.                    <p style="margin-bottom：5px；color: #FF6700；font-size: 22px；">400-100-5678</p>
164.                    <p style="margin-bottom： 14px；">
165.                        <span>周一至周日 8：00-18：00</span><br/>
166.                        <span>（仅收市话费）</span>
167.                    </p>
168.                    <a   href="">24 小时在线客服</a>
169.                </div>
170.            </div>
171.        </div>
172.        <! --foot 上边部分结束-->
173.        <div class="clear"></div>
174.        <! --foot 下边部分开始-->
175.        <div class="foot_t" >
176.            <div   class="foot_tt">
177.                <img class="fl" src="./public/homeimage/mimi.png"/>
178.                <div   class="foot_zhong fl">
179.                    <div class="top_le fl" >
180. <a href="#" >小米网</a><span class="spl2" >|</span>
181. <a href="#" >MIUI</a><span class="spl2" >|</span>
182. <a href="#" >米聊</a><span class="spl2" >|</span>
183. <a href="#" >多看书城</a><span class="spl2" >|</span>
184. <a href="#" >小米路由器</a><span class="spl2" >|</span>
185. <a href="#" >小米后院</a><span class="spl2" >|</span>
186. <a href="#" >小米天猫店</a><span class="spl2" >|</span>
```

```
187.        <a href="#">小米淘宝直营店</a><span class="spl2">|</span>
188.        <a href="#">小米网盟</a><span class="spl2">|</span>
189.        <a href="#">问题反馈</a><span class="spl2">|</span>
190.        <a href="#">Select Region</a>
191.            </div>
192.            <div class="clear"></div>
193.            <div class="ppp">
194.                <p>©<a href="#">mi.com</a>
195. 京 ICP 证 110507 号　京 ICP 备 10046444 号　京公网安备 1101080212535 号
196.                <a href="#">京网文[2014]0059-0009 号
197.                </a>
198.                违法和不良信息举报电话：185-0130-1238</p>
199.            </div>
200.        </div>
201.        <a href="#"><img style="padding-top：4px；" class="fr" src="./public/homeimage/v-logo-1.png"/></a>
202.        <a href="#"><img style="padding-top：4px；" class="fr" src="./public/homeimage/ v-logo-2.png"/></a>
203.        <a href="#"><img style="padding-top：4px；" class="fr" src="./public/homeimage/ v-logo-3.png"/></a>
204.            </div>
205.            <center style="font-size：12px；color：#757575；margin-top：10px">友情链接：
206.        <a href="http：//www.baidu.com" target="_blank">百度</a>
207.        <a href="http：//www.mi.com/" target="_blank">小米官网</a>
208.        </center>
209.        </div>
210.        <!--foot 下边部分结束-->
211.            <!--页脚结束-->
212.        </div>
213.        </div>
214.        <!--容器 2 结束-->
215.        </div>
216.    </body>
217. </html>
```

（2）将 css 样式文件保存到公共文件目录 public 中的 homecss 目录中。创建文件：\public\homecss\index.css，由于篇幅关系，具体代码不详细列出，读者可从本书附带资源中下载。

2．前台平台控制器

跳转是公用的功能，因此我们需要在平台级的控制器中定义跳转方法。接下来通过［例 7.9］讲解页面跳转功能的实现。

【例 7.9】　前台平台控制器的实现。

（1）创建前台的平台控制器并实现跳转方法。创建文件：.\application\home\controller\platformController.class.php，具体代码如下：

```
1. <? php
2. /* home 平台控制器 */
3. class platformController{
```

```
4.      /* 跳转
5.       * @param $url       目标 URL
6.       * @param $msg="     提示信息
7.       * @param $time=2    提示停留秒数
8.       */
9.      protected function jump（$url，$msg="，$time=2）{
10.         if（$msg=="）{
11.             //没有提示信息
12.             header（'Location：$url'）;
13.         }else{
14.             //有提示信息
15.             require（'./application/home/view/jump.html'）;
16.         }
17.         //终止脚本执行
18.         die;
19.     }
20. }
```

上述代码定义了平台控制器 platformController 和跳转方法 jump( )。第 10 行代码判断有无提示信息，使用不同的跳转方式。当没有提示信息时，使用 header（'Location：$url'）;方式直接跳转到目标地址，有提示信息时，载入页面视图文件以显示提示信息。由于跳转后当前程序不用继续执行，所以最后使用了 die 语句终止了脚本。

（2）创建跳转的视图文件 jump.html，输出提示信息并进行跳转。创建文件：\application\home\view\jump.html，由于篇幅关系，具体代码不详细列出，读者可从本书附带资源中下载。显示跳转页面如图 7.12 所示。

图 7.12　Jump 页的显示效果

3．首页控制器

创建前台默认的 index 控制器和 indexAction 方法。

创建文件：\application\home\controller\IndexController.class.php，具体代码如下：

```
1. <? php
2. /* 首页模块控制器类 */
```

```
3.  class indexController extends platformController{
4.      //显示首页
5.      public function indexAction（）{
6.          //载入视图文件
7.          require './application/home/view/index.html';
8.      }
9.  }
```

以上代码第 3 行表示，首页控制器是继承了前台平台控制器。在 indexAction 中，显示了模块 p 为 home、控制器 c 为 index、操作 a 为 index 的视图，视图地位置为./application/home/view/index.html 。至此，已经能够显示前台首页。

4. 首页模块的模型

从仿小米商城的首页效果图 7.13 所示，首页要显示的有商品分类的数据，即图 7.13 方框处。为了能从数据库中查询到相应商品分类，还应定义商品分类的模型类。

图 7.13　首页的显示商品分类的效果

（1）创建 categorys 模型类./application/home/model/categorysModel.class.php。

```
1.  <? php
2.  /* categorys 模型类 */
3.  class categorysModel extends model{
4.     /* 添加商品分类 */
5.     public function insert（）{
6.     }
7.     /* 查询商品分类*/
8.     public function getAll（$where）{
9.         //获得排序参数
10.        $order = '';
11.        if（isset（$_GET['sort']） && $_GET['sort']=='desc'）{
12.            $order = 'order by id desc';
13.        }
14.        if （$where==null） //获得查询条件
15.        {$sql = "select * from  shop_categorys $order"; }
```

```
16.          else
17.          {$sql = "select * from    shop_categorys $where $order";  }
18.          //查询结果
19.          $data = $this->db->fetchAll（$sql）;
20.          return $data;
21.      }
22.      /*  查询指定 id 的商品分类 */
23.      public function getByID（$id）{
24.      $data = $this->db->fetchRow（"select * from `shop_categorys` where id={$id}"）;
25.          return $data;
26.      }
27.      /*  查询商品分类总数  */
28.      public function getNumber（）{
29.      $data = $this->db->fetchRow（"select count（*） as num from `shop_categorys`"）;
30.      return $data['num'];
31.      }
32.  }
```

在上述代码中，getAll( )方法用于查询商品分类列表，当收到用 GET 方式传递的 sort 排序参数时，就在查询的 SQL 语句中增加 "order by" 进行排序，如果调用 getAll 时带上了参数，则在查询的 SQL 中增加 "where" 进行筛选。getNumber( )方法用于查询商品分类总数。getByID( )方法是根据所给 id，查询相应的商品分类的详细信息。

再分析首页效果图中的推荐商品部分，如图 7.14 中方框所示，这些部分要显示具体某个分类的推荐商品的信息，为了能从数据库中查询到商品信息，应定义商品的模型类。

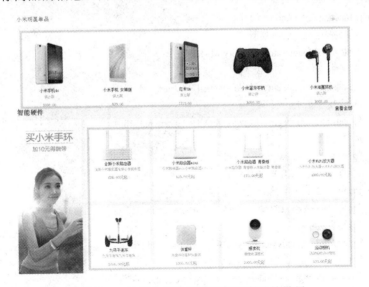

图 7.14　首页中显示某类别推荐商品的效果

（2）创建 goods 模型类，./application/home/model/goodsModel.class.php。

```
1.  <? php
```

```
2.   /* goods 表的操作类，继承基础模型类 */
3.   class goodsModel extends model{
4.     /* 查询所有商品 */
5.     public function getAll（$where）{
6.         if （$where==null）
7.         {//拼接 SQL
8.             $sql = "select * from `shop_goods` ";
9.         }
10.        else
11.        {
12.            $sql = "select * from   shop_goods $where ";
13.        }
14.        $data = $this->db->fetchAll（$sql）;
15.        return $data;
16.     }
17.     /* 查询指定 id 的商品 */
18.     public function getByID（$id）{
19.        $data = $this->db->fetchRow （"select * from `shop_goods` where id={$id}"）;
20.        return $data;
21.     }
22.   }
```

（3）修改首页 index 控制器的 indexAction 方法，调用模型获取需要的数据。

```
23.   class indexController extends platformController{
24.     //显示首页
25.     public function indexAction（）{
26.         // 实例化 categorys 模型
27.         $categorysModel = new categorysModel（）;
28.         //  查找导航顶端的分类字段
29.         $goodslist1 = $categorysModel->getAll（" where pid=1"）;
30.         //  查找左边的分类字段
31.         $goodslist2 = $categorysModel->getAll（" where pid=10"）;
32.         //  实例化 goods 模型
33.         $goodsModel = new goodsModel（）;
34.         //  查找小米明星单的分类字段
35.         $status = array（", '新上架', '在售', '下架'）;
36.         $goodslist3 =$goodsModel->getAll（" where cateid=35"）;
37.         //查询智能硬件
38.         $goodslist4 =$goodsModel->getAll（" where cateid=38"）;
39.         //查询搭配
40.         $goodslist5 =$goodsModel->getAll（" where cateid=39"）;
41.         //查询配件
42.         $goodslist6 =$goodsModel->getAll（" where cateid=40"）;
43.         //查询周边
44.         $goodslist7 =$goodsModel->getAll（" where cateid=41"）;
45.         //载入视图文件
```

```
46.            require './application/home/view/index.html';
47.       }
48.  }
```

上述代码中，通过调用模型取得了所需要的数据，其中顶端导航的商品分类信息保存到$goodslist1，左边导航的商品分类信息保存到$goodslist2等等。

（4）修改首页的视图文件\application\home\view\index.html，以输出顶端导航的商品分类信息为例子讲解如何将首页控制器中调用模型获取到的数据显示出来。以下代码是静态页面的导航的代码。

```
1.        <div id="nav">
2.           <div><img class="fl" src="image/m.png"/></div>
3.           <div class="nav_center fl" >
4.               <a href="categorys_info.html">红米</a>
5.               <a href="categorys_info.html">平板</a>
6.               //…….
7.           </div>
8.        </div>
```

将上述代码第 3～7 行修改为：

```
1.  <div class="nav_center fl" >
2.        <? php foreach（$goodslist1 as $key=>$val）：  ? >
3.     <a href="#"><? php echo $val['name']  ? ></a>
4.        <? php endforeach；  ? >
5.  </div>
```

上述代码是将$goodslist 数组循环输出，其他数据的输出也可以参考上述代码，这里不再复述，读者可自己将"小米明星单品""智能硬件"等部分进行显示输出。

7.3.2 商品分类模块

当点击首页 index 页中的某一商品分类，则应该显示该分类下的所有商品，如图 7.15 所示。

图 7.15 商品分类页

1．商品分类视图

（1）制作商城前台页面的商品分类页视图文件。

创建文件：\application\home\view\ categorys_info.html，具体代码如下：

1. <! DOCTYPE html>
2. <html>
3. <head>
4.   <title>index</title>
5.   <meta charset="utf-8" />
6. <link rel="stylesheet" type="text/css" href="./public/homecss/index.css"/>
7. <link rel="stylesheet" type="text/css" href="./public/homecss/list.css"/>
8. </head>
9. <body>
10.   <div class="bag1">
11. <! --容器开始-->
12.   <div id="container">
13.   <! —省略了头部代码-->
14. <! —省略了导航代码-->
15.   <! --主体开始-->
16.   <div id="list_main">
17.   <! --列表 1 开始-->
18.   <div class="list_main_top">
19.   <div style="height：65px" class=" fl">
20.   <a href="#"><img style="margin-top：22px" src="./public/homeimage/list.png"/></a>
21.   </div>
22.   <a href="#"></a>
23.   </div>
24.   <div class="list_main_bottom">
25.   <ul>
26.   <li>
27.   </li>
28.   </ul>
29.   </div>
30.   <! --列表 1 结束-->
31.   </div>
32.   <! --主体结束-->
33.   <div class="clear"></div>
34.   <div style="height：100px"></div>
35.   <! --页脚开始-->
36. <! --省略了页脚代码-->
37.   </div>
38. <! --容器结束-->
39.   </div>
40. </body>
41. </html>

（2）将 css 样式文件保存到公共文件目录 public 中的 homecss 目录中。创建文件：\public\homecss\list.css，由于篇幅关系，具体代码不详细列出，读者可从本书附带资源中下载。

2. 商品分类控制器

创建 categorys 控制器和 listAction 方法和 infoAction 方法。创建文件：\application\ home\controller\ categorysController.class.php，具体代码如下：

```
1.  <? php
2.  /* 商品分类控制器类 */
3.  class categorysController extends platformController{
4.  /* 查看指定商品分类信息 */
5.  public function infoAction（）{
6.  //接收请求参数
7.  //  实例化 categorys 模型
8.     $categorys = new categorysModel（）；
9.     //  查找导航顶端的分类字段
10.    $list1 = $categorys->getAll（" where pid=1"）；
11.    //  查找当前分类字段
12.    $id = $_GET['id'];
13.    $list3 = $categorys->getById（$id）；
14.    //  查找当前分类的商品
15.    $goods=new goodsModel（）；
16.    $list= $goods->getAll（" where cateid=$id"）；
17.    //载入视图文件
18.    require './application/home/view/categorys_info.html';
19.  }
20. }
```

3. 商品分类模块的模型

（1）商品分类的模型在首页模块中已经实现，在这里不在复述。

（2）修改首页的视图文件\application\home\view\index.html，将所有的商品分类名称的超链接地址修改为./index.php？p=home&c=categorys&a=info&id=<? php echo $val['id'] ？>，即将商品分类的 id 传到 categorys 控制器中的 infoAction 方法中，代码如下：

```
1.  <div class="nav_center fl" >
2.      <? php foreach（$goodslist1 as $key=>$val）：？>
3.      <a href="./index.php？p=home&c=categorys&a=info&id=<? php echo $val['id'] ？>">
4.  <? php echo $val['name'] ？ ></a>
5.  <? php endforeach；？>
6.  </div>
```

（3）修改商品分类页的视图文件\application\home\view\ categorys_info.html，输出某类商品分类下的所有商品。代码如下：

```
1.  <div id="nav">
2.      <div><img class="fl" src="./public/homeimage/m.png"/></div>
3.          <div class="nav_center fl" >
4.          <? php foreach（$list1 as $key=>$val）：？>
```

```
5.          <a href="./index.php? p=home&c=categorys&a=info&id=<? php echo $val['id'] ? >"><? php echo $val['name']? ></a>
6.              <? php endforeach; ? >
7.          </div>
8.          <div  class="nav_right fr">
9.              <a href="#" ><img class="fr" style="margin-top: 3px; " src="./public/homeimage/jin.png"/></a>
10.            <div class="nav_right_left fr" >
11.                <a href="#"  >小米手机 4</a>
12.                <a href="#" >手环</a>
13.            </div>
14.          </div>
15.          </div>
16.          <! --导航上边结束-->
17.          <div class="clear"></div>
18.          <! --导航下边开始-->
19.          <div id="nav_bottom">
20.            <a href="./index.php">首页</a>
21.            <span></span>
22.            <a href="#"><? php echo $list3['name'] ? ></a>
23.          </div>
24.          <! --导航下边结束-->
25.      <! --导航结束-->
26.      <div class="clear"></div>
27.      <! --主体开始-->
28.      <div id="list_main">
29.        <! --列表 1 开始-->
30.        <div class="list_main_top">
31.          <div style="height: 65px" class=" fl">
32.            <a href="#"><img style="margin-top: 22px" src="./public/homeimage/list.png"/></a>
33.          </div>
34.          <a href="#"><? php echo $list3['name'] ? ></a>
35.          </div>
36.          <div class="list_main_bottom">
37.            <ul> <? php foreach （$list as $key => $val）: ? >
38.              <li>
39.        <a href="./index.php? p=home&c=goods&a=info&id=<? php echo $val['id']? >">
40.    <img style="width: 70px; height: 70px; " src="./public/goods/<? php echo $val['image'] ? >"></a>
41.        <a href="./index.php? p=home&c=goods&a=info&id=<? php echo $val['id']? >"><? php echo $val['name'] ? ></a>
42.              </li>
43.            <? php endforeach ? >
44.          </ul>
45.        </div>   <! --列表 1 结束-->
46.      </div>
```

上述代码第 22、第 34 行输出的是当前商品分类的名称，第 37～43 行，将该分类下的所有商品信息循环输出。

7.3.3　商品模块

当点击商品分类页 categorys_info.html 中的某一商品，则应该显示该商品详细信息，如图 7.16 所示。

图 7.16　商品详细信息页面

1．商品视图

（1）创建商品详细信息视图。创建文件：\application\home\view\goods_info.html，具体代码如下：

```
1.   <! DOCTYPE html>
2.   <html>
3.   <head>
4.       <title>index</title>
5.       <meta charset="utf-8" />
6.       <link rel="stylesheet" type="text/css" href="./public/homecss/index.css"/>
7.       <link rel="stylesheet" type="text/css" href="./public/homecss/content.css"/>
8.   </head>
9.   <body>
10.      <div class="bag1">
11.      <! --容器开始-->
12.          <div id="container">
13.          <! —省略了头部代码-->
14.          <! --导航开始-->
15.              <! --导航上边开始-->
16.              <div id="nav">
17.                  <div><img class="fl" src="./public/homeimage/m.png"/></div>
18.                  <div class="nav_center fl" >
19.                      <a href="#">商品全部分类</a>
20.                  <? php foreach（$list1 as $key=>$val）：  ? >
21.                      <a href="./index.php? p=home&c=categorys&a=info&id=<? php echo $val['id']  ? >"><? php
echo $val['name']  ? ></a>
22.                  <? php endforeach；  ? >
23.                  </div>
24.                  <div   class="nav_right fr">
25.                      <a href="#" ><img class="fr" style="margin-top：3px；" src="./public/homeimage/jin.png"/></a>
26.                      <div class="nav_right_left fr" >
```

```
27.            <a href="#">小米手机 4</a>
28.            <a href="#" >手环</a>
29.            </div>
30.          </div>
31.        </div>
32.        <! --导航上边结束-->
33.        <div class="clear"></div>
34.        <! --导航下边开始-->
35.        <div id="nav_bottom">
36.            <! --右边 nav 开始-->
37.    <div class="breadcrumbs">
38.      <div class="container ">
39.      <a   style="color：#757575" href="./index.php">首页</a>
40.      <span style="color：#757575" class="sep">/</span>
41.      <a style="color：#757575" href="" ></a>
42.      </div>
43.    </div>
44.      <! --中间 nav 结束-->
45.      </div>
46.            <! --导航下边结束-->
47.        <! --导航结束-->
48.        <div class="clear"></div>
49.        <! --主体开始-->
50.        <div class="container">
51.        <div class="row">
52.        <div class="span13   J_mi_goodsPic_block goods-detail-left-info">
53.          <div class="goods-pic-box  " id="J_mi_goodsPicBox">
54.            <div class="goods-pic-loading">
55.              <div class="loader loader-gray"></div>
56.            </div>
57.            <div class="goods-small-pic clearfix">
58.              <ul id="goodsPicList">
59.                <li class="current">
60.                  <img style="margin-left：100px" src="" >
61.                </li>
62.              </ul>
63.            </div>
64.          </div>
65.        </div>
66.        <div class="span7 goods-info-rightbox">
67.          <div class="goods-info-leftborder"></div>
68.          <dl class="goods-info-box ">
69.            <dt class="goods-info-head">
70.              <dl id="J_goodsInfoBlock">
71.                <dt style="padding-left：36px；color：#444；font-size：30px" class="goods-name"> </dt>
72.                <dd class="goods-subtitle">
```

73.　　　　　　　　　　　　　　　　<p　style="color：#757575；">　　　　</p>
74.　　　　　　　　　　　　　　　　</dd>
75.　　　　　　　　　　　　　　　　<dd class="goods-info-head-price clearfix">
76.　　　　　　　　　　　　　　　　<b class="J_mi_goodsPrice" style="color：#FF6700；font-size：50px"></b>
77.　　　　　　　　　　　　　　　　<i style="color：#FF6700；"> ；元</i>
78.　　　　　　　　　　　　　　　　<del>
79.　　　　　　　　　　　　　　　　<span class="J_mi_marketPrice"></span>
80.　　　　　　　　　　　　　　　　</del>
81.　　　　　　　　　　　　　　　　</dd>
82.　　　　　　　　　　　　　　　　<dd class="goods-info-head-colors clearfix">
83.　　　　　　　　　　　　　　　　<span　class="style-name">库存：</span>
84.　　　　　　　　　　　　　　　　<span　class="style-name">浏览量：</span>
85.　　　　　　　　　　　　　　　　<span　class="style-name">购买量：</span>
86.　　　　　　　　　　　　　　　　<div class="clearfix">
87.　　　　　　　　　　　　　　　　　<div class="colorli">
88.　　　　　　　　　　　　　　　　　<img class="square" src=""> </a>
89.　　　　　　　　　　　　　　　　　</div>
90.　　　　　　　　　　　　　　　　　</div>
91.　　　　　　　　　　　　　　　　　</dd>
92.　　　　　　　　　　　　　　　　<dd class="goods-info-head-cart" id="goodsDetailBtnBox">
93.　　　　　　　　　　　　　　　　<a　href=""　　class="btn　btn-primary　goods-add-cart-btn"　>　<i
class="iconfont">　</i>加入购物车　</a>
94.　　　　　　　　　　　　　　　　　</dd>
95.　　　　　　　　　　　　　　　　　　</dl>
96.　　　　　　　　　　　　</dt>
97.　　　　　　　　　　　　<dd class="goods-info-foot">
98.　　　　　　　　　　　　　　<a href="#" data-stat-id="31dcc6e6eba60673" >
99.　　　　　　　　　　　　　　<span class="iconfont">　</span>
100.　　　　　　　　　　　　查看更多</a>
101.　　　　　　　　　　　　</dd>
102.　　　　　　　　　　</dl>
103.　　　　　　　　　</div>
104.　　　　　　　</div>
105.　　　　　</div>
106.　　　　　<！--主体结束-->
107.　　　　　<div class="clear"></div>
108.　　　　　<！--页脚省略……-->
109.　　　　　</div>
110.　　　　<！--容器结束-->
111.　　　　</div>
112.　　　</body>
113. </html>

（2）将 css 样式文件保存到公共文件目录 public 中的 homecss 目录中。创建文件：
\public\homecss\content.css，由于篇幅关系，具体代码不详细列出，读者可从本书附带资源
中下载。

2. 商品控制器

创建 goods 控制器和 infoAction 方法。创建文件：\application\home\controller\ goods Controller. class.php，具体代码如下：

```
1.  <? php
2.  /*商品模块控制器类 */
3.  class goodsController extends platformController{
4.  /* 查看指定商品信息*/
5.  public function infoAction（） {
6.      //  实例化 categorys 模型
7.      $categorys = new categorysModel（）；
8.      //  查找导航顶端的分类字段
9.      $list1 = $categorys->getAll（" where pid=1"）；
10.     //接收请求参数
11.     $id = $_GET['id'];
12.     // 如果没有商品 ID ，直接跳转到 主页
13.     if（empty（$id）） {
14.         header（'location：./index.php'）；
15.         die；
16.     }
17.     //实例化模型，取出数据
18.     $goods = new goodsModel（）；
19.     $goodsinfo = $goods->getById（$id）；
20.     //载入视图文件
21.     require './application/home/view/goods_info.html';
22. }
23. }
```

3. 商品模型

（1）商品模型在首页模块中已经实现，在这里不在复述。

（2）修改商品详细信息的视图文件\application\home\view\goods_info.html，将由地址栏传过来的 id 查询到商品的详细信息显示出来，代码如下，用方框框起来的代码是要修改处。

```
1.  <div class="container">
2.      <div class="row">
3.          <div class="span13  J_mi_goodsPic_block goods-detail-left-info">
4.              <div class="goods-pic-box  " id="J_mi_goodsPicBox">
5.                  <div class="goods-pic-loading">
6.                      <div class="loader loader-gray"></div>
7.                  </div>
8.                  <div class="goods-small-pic clearfix">
9.                      <ul id="goodsPicList">
10.                         <li class="current">
11.                             <img style="margin-left：100px" src="./public/goods/<? php echo $goodsinfo['image'] ?>">
```

```
12.                              </li>
13.                          </ul>
14.                      </div>
15.                  </div>
16.              </div>
17.          <div class="span7 goods-info-rightbox">
18.              <div class="goods-info-leftborder"></div>
19.          <dl class="goods-info-box ">
20.          <dt class="goods-info-head">
21.              <dl id="J_goodsInfoBlock">
22.                  <dt style="padding-left：36px；color: #444；font-size: 30px" class="goods-name">
                        <? php echo $goodsinfo['name']  ？ >    </dt>
23.              <dd class="goods-subtitle">
24.              <p    style="color: #757575；"><? php echo $goodsinfo['describe']  ？ >              </p>
25.              </dd>
26.              <dd class="goods-info-head-price clearfix">
27.              <b class="J_mi_goodsPrice" style="color: #FF6700；font-size: 50px"><? php echo
                    $goodsinfo['price']  ？ > </b>
28.              <i style="color: #FF6700；"> ；元</i>
29.              <del>
30.              <span class="J_mi_marketPrice"></span>
31.              </del>
32.              </dd>
33.              <dd class="goods-info-head-colors clearfix">
34.              <span   class="style-name">库存：<? php echo $goodsinfo['store']  ？ > ；</span>
35.              <span   class="style-name">浏览量：<? php echo $goodsinfo['views']  ？ > ；</span>
36.              <span   class="style-name">购买量：<? php echo $goodsinfo['buy']  ？ ></span>
37.              <div class="clearfix">
38.              <div class="colorli">
39.              <img class="square" src=""> </a>
40.              </div>
41.              </div>
42.              </dd>
43.              <dd class="goods-info-head-cart" id="goodsDetailBtnBox">
44.              <a href="./index.php？p=home&c=shopcar&a=addshopcar&id=<? php echo
        $goodsinfo['id']  ？ >"   class="btn  btn-primary goods-add-cart-btn"> <i class="iconfont">  </i>加入购物车 </a>
45.              </dd>
46.              </dl>
47.          </dt>
48.          <dd class="goods-info-foot">
49.              <a href="#" data-stat-id="31dcc6e6eba60673" >
50.              <span class="iconfont">  </span>
51.              查看更多<? php echo $goodsinfo['name']  ？ ></a>
52.          </dd>
53.      </dl>
54.      </div>
```

```
55.              </div>
56.              </div>
```

（3）修改首页的视图文件\application\home\view\index.html，将所有的商品名称的超链接地址修改为./index.php？p=home&c=goods&a=info&id=<? php echo $val['id'] ？>，即将商品的 id 传到 goods 控制器中的 infoAction 方法中，例如修改"小米明星单品"栏目，代码如下：

```
1.  <! --主体尾部分开始-->
2.  <div class="main_foot_nav" style="color：#333333；"  >小米明星单品</div>
3.      <div class="main_foot ">
4.      <! --1-5-->
5.      <? php foreach （$goodslist3 as $key => $value）：  ? >
6.      <? php   if （$value）  ? >
7.          <div class="main_footer ">
8.  <a href="./index.php？ p=home&c=goods&a=info&id=<? php echo $value['id']？ >"><img src="./public/ goods/
    <? php echo $value['image'] ？ >"/></a>
9.          <div class="clear"></div>
10.         <a href="#"><? php echo $value['name'] ？ ></a>
11.         <p><? php echo $status [$value['status']] ？ ></p>
12.         <p    style="color：#FF6709；padding-top：15px；font-size：14px；"><? php echo $value['price'] ？ ></p>
13.         </div>
14. <? php  endforeach；  ? >
15.         <! --1-5-->
16.         </div>
17. <! --主体尾部分结束-->
```

7.3.4 购物车模块

在商品视图中，有具体的商品的信息显示，一般都有"加入购物车"按钮，并将商品加入购物车，如图 7.17 所示。购物车是通过用户的购物信息在用户购物过程一直保持来实现的，这里需要使用会话技术，并使用 Session 来保存用户的想购商品信息。

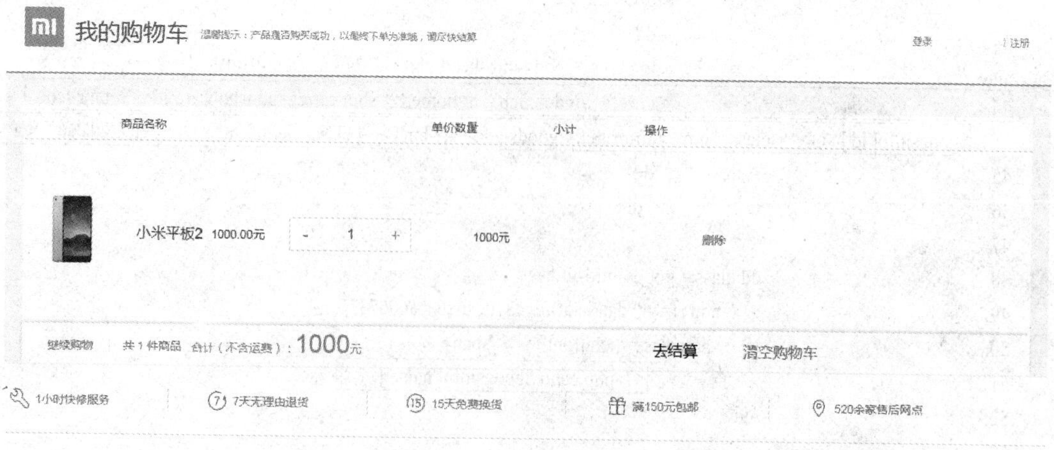

图 7.17 购物车页面

1．购物车视图

（1）创建购物车信息视图。创建文件：\application\home\view\ shopcar.html，具体代码如下：

```
1.  <! DOCTYPE html>
2.  <html>
3.  <head>
4.      <title>购物车</title>
5.      <meta charset="utf-8" />
6.      <link rel="stylesheet" type="text/css" href="./public/homecss/index.css"/>
7.      <link rel="stylesheet" type="text/css" href="./public/homecss/shopcar.css"/>
8.  </head>
9.  <body>
10. <! —省略了头部代码……-->
11. <! --2-->
12. <div class="page-main">
13.   <div class="container">
14.     <div class="cart-loading loading hide" id="J_cartLoading">
15.       <div class="loader"></div>
16.       </div>
17.       <div id="J_cartBox" class="">
18.       <div class="cart-goods-list">
19.           <div class="list-head clearfix">
20.               <div class="col col-img">  </div>
21.               <div class="col col-name">商品名称</div>
22.               <div class="col col-price">单价</div>
23.               <div class="col col-num">数量</div>
24.               <div class="col col-total">小计</div>
25.               <div class="col col-action">操作</div>
26.           </div>
27.           <div class="list-body" id="J_cartListBody">
28.               <div class="item-box">
29.               <div class="item-table J_cartGoods" data-info="{commodity_id: '1160400027', gettype: 'buy',
                    itemid: '2160400027_0_buy', num: '2'} ">
30.               <div class="item-row clearfix">
31.                   <div class="col col-check">
32.                   </div>
33.                   <div class="col col-img">
34.                   <a href="" target="_blank" >
35.                   <img   alt="" src="" width="80" height="80"> </a>
36.                   </div>
37.                   <div class="col col-name">
38.                   <div class="tags">
39.                   </div>
40.                   <h3 class="name">
41.                   <a href="#" target="_blank" > </a>
```

```
42.                        </h3>
43.                        </div>
44.                        <div class="col col-price"> </div>
45.                        <div style="padding-left：30px" class="col col-num">
46.                        <div class="change-goods-num clearfix J_changeGoodsNum">
47.                        <a href="" class="J_minus" >
48.                        <i class="iconfont">-</i>
49.                        </a>
50.                        <input tyep="text" name="as" value="<? php echo $val['num'] ？>"    class="goods-num
                           J_goodsNum">
51.                        <a href="" class="J_plus" >
52.                        <i class="iconfont">+</i>
53.                        </a>
54.                        </div>
55.                        </div>
56.                            <! --小计-->
57.                        <div class="col col-total">
58. <p class="pre-info">    </p> </div>
59.                        <a style="line-height：200px；padding-left：150px"
60.              href="" >删除</a>
61.              </div>
62.              </div>
63.                  </div>
64.                  </div>
65.              </div>
66.      <div class="cart-bar clearfix cart-bar-fixed" id="J_cartBar">
67.              <div class="section-left">
68.                  <a href="./index.php" class="back-shopping J_goShoping" >继续购物</a>
69.                  <span class="cart-total">共 <i id="J_cartTotalNum"></i> 件商品
70.              </div>
71.              <span class="total-price">
72.                  合计（不含运费）：<em id="J_cartTotalPrice"></em>元
73.              </span>
74.              <a href="" class="btn btn-a btn btn-primary" id="J_goCheckout" style="padding-left：300px；color：#000">
                   去结算</a>
75.              <a href="" class="btn btn-a btn btn-primary" id="J_goCheckout">清空购物车</a>
76.              <div class="no-select-tip hide" id="J_noSelectTip">
77.                  请勾选需要结算的商品
78.                  <i class="arrow arrow-a"></i>
79.                  <i class="arrow arrow-b"></i>
80.              </div>
81.          </div>
82.      </div>
83.      <div style="height：300px">
84.          购物车空空的
85.          <a href="./index.php">返回继续购物</a>
```

```
86.                </div>
87.            </div>
88. </div>
89. </body>
90. </html>
```

（2）将 css 样式文件保存到公共文件目录 public 中的 homecss 目录中。创建文件：
\public\homecss\ shopcar.css，由于篇幅关系，具体代码不详细列出，读者可从本书附带资源中下载。

2．购物车控制器

创建购物车 shopcar 控制器和各类方法。创建文件：\application\home\controller\ shopcar Controller.class.php，具体代码如下：

```
1.  <? php
2.  /*购物车控制器类 */
3.  class shopcarController extends platformController{
4.  /*购物车列表 */
5.  public function indexAction（）{
6.     //载入视图文件
7.     require './application/home/view/shopcar.html';
8.  }
9.  // 把数据添加到购物车  实际上就是把数据 存放到 session 里面
10. public function addshopcarAction（）
11. {
12.     // 接收商品 ID
13.     $gid = isset（$_GET['id']）? $_GET['id'] : ";
14.     // 如果 session 里面没有这个 ID 值，购物车就是空的
15.     if（empty（$_SESSION['shopcar'][$gid]）)
16.     {
17.        //实例化模型，取出数据
18.         $goodsmodel = new goodsModel（）;
19.        $goods = $goodsmodel->getById（$gid）;
20.        $goods['num'] = 1;
21.        $_SESSION['shopcar'][$gid] = $goods;
22.     }else{
23.        $_SESSION['shopcar'][$gid]['num']++;
24.     }
25.     //载入视图文件
26.     require './application/home/view/shopcar.html';
27.     exit;
28. }
29. function jianAction（）
30. { $_SESSION['shopcar'][ $_GET['gid'] ]['num']--;
31.     if（$_SESSION['shopcar'][ $_GET['gid'] ]['num'] < 1）
32.     $_SESSION['shopcar'][ $_GET['gid'] ]['num'] = 1;
33.     //载入视图文件
```

```
34.    require './application/home/view/shopcar.html';
35.    exit;
36. }
37. function addnumAction（）
38. {
39.        $_SESSION['shopcar'][ $_GET['gid'] ]['num']++;
40.        //载入视图文件
41.        $this->indexAction（）;
42. }
43. // 删除购物车商品
44. function deleteAction（）
45. {   // 接受商品的 ID
46.        $gid = $_GET['gid'];
47.        unset（$_SESSION['shopcar'][$gid]）;
48.        //载入视图文件
49.        require './application/home/view/shopcar.html';
50.        exit;
51. }
52. function deleteallAction（）
53. {
54.    unset（$_SESSION['shopcar']）;
55.    //载入视图文件
56.    require './application/home/view/shopcar.html';
57.    exit;
58.  }
59. }
```

3. 购物车模型

（1）由于在购物车控制器中，对于购物车的操作是在 Session 中进行，不用操作数据库，所以不必创建 shopcar 模型。

（2）修改购物车信息的视图文件\application\home\view\ shopcar.html，将购物车 Session 中所存的商品循环输出，代码如下，用方框框起来的代码是要修改处。

```
1.     <div class="container">
2.         <div class="cart-loading loading hide" id="J_cartLoading">
3.             <div class="loader"></div>
4.         </div>
5.         <? php if（! empty（$_SESSION['shopcar']））： ? >
6.         <? php $total = 0;  // 存储总数的变量? >
7.         <? php foreach（$_SESSION['shopcar'] as $key=>$val）： ? >
8.         <div id="J_cartBox" class="">
9.             <div class="cart-goods-list">
10.                <div class="list-head clearfix">
11.                    <div class="col col-img">  </div>
12.                    <div class="col col-name">商品名称</div>
13.                    <div class="col col-price">单价</div>
```

14.   `<div class="col col-num">数量</div>`
15.   `<div class="col col-total">小计</div>`
16.   `<div class="col col-action">操作</div>`
17.   `</div>`
18.   `<div class="list-body" id="J_cartListBody">`
19.   `<div class="item-box">`
20.   `<div class="item-table J_cartGoods" data-info="{commodity_id: '1160400027', gettype: 'buy',`
    `itemid: '2160400027_0_buy', num: '2'} ">`
21.   `<div class="item-row clearfix">`
22.   `<div class="col col-check">`
23.   `</div>`
24.   `<div class="col col-img">`
25.   `<a href="" target="_blank" >`
26.   `<img alt="" src="./public/goods/<? php echo $val['image'] ? >" width="80" height="80"> </a>`
27.   `</div>`
28.   `<div class="col col-name">`
29.   `<div class="tags">`
30.   `</div>`
31.   `<h3 class="name">`
32.   `<a href="#" target="_blank" > <? php echo $val['name'] ? >   </a>`
33.   `</h3>`
34.   `</div>`
35.   `<div class="col col-price"><? php echo $val['price'] ? >元 </div>`
36.
37.   `<div style="padding-left: 30px" class="col col-num">`
38.   `<div class="change-goods-num clearfix J_changeGoodsNum">`
39.   `<a href="./index.php? p=home&c=shopcar&a=jian&gid=<? php echo $val['id']; ? >" class="J_minus" >`
40.   `<i class="iconfont">-</i>`
41.   `</a>`
42.   `<input tyep="text" name="as" value="<? php echo $val['num'] ? >" class="goods-num J_goodsNum">`
43.   `<a href="./index.php? p=home&c=shopcar&a=addnum&gid=<? php echo $val['id']; ? >" class="J_plus" >`
44.   `<i class="iconfont">+</i>`
45.   `</a>`
46.   `</div>`
47.   `</div>`
48.   `<! --小计-->`
49.   `<div class="col col-total"> <? php echo  $smalltotal=$val['price']*$val['num'];`
50. `$total+=$smalltotal; ? >元 <p class="pre-info">  </p> </div>`
51.   `<a style="line-height: 200px; padding-left: 150px"`
52.   `href="./index.php? p=home&c=shopcar&a=delete&gid=<? php echo  $val['id']; ? >">删除</a>`
53.   `</div>`
54.   `</div>`
55.   `</div>`
56.   `</div>`
57.   `</div>`

```
58.            <? php endforeach；? >
59.              <div class="cart-bar clearfix cart-bar-fixed" id="J_cartBar">
60.                <div class="section-left">
61.                  <a href="./index.php" class="back-shopping J_goShoping" >继续购物</a>
62.                  <span class="cart-total">共 <i id="J_cartTotalNum"><? php echo count($_SESSION['shopcar']) ?></i> 件商品
63.                </div>
64.                <span class="total-price">
65.                    合计（不含运费）：<em id="J_cartTotalPrice"><? php echo $total ? ></em>元
66.                </span>
67.                <a href="./index.php？p=home&c=address&a=index&total=<? php echo $total ? >" class="btn btn-a btn btn-primary" id="J_goCheckout" style="padding-left：300px；color：#000">去结算</a>
68.                  <a href="./index.php？p=home&c=shopcar&a=deleteall" class="btn btn-a btn btn-primary" id="J_goCheckout">清空购物车</a>
69.                <div class="no-select-tip hide" id="J_noSelectTip">
70.                    请勾选需要结算的商品
71.                    <i class="arrow arrow-a"></i>
72.                    <i class="arrow arrow-b"></i>
73.                </div>
74.              </div>
75.            </div>
76.          <? php else：? >
77.            <div style="height：300px">
78.                购物车空空的
79.                <a href="./index.php">返回继续购物</a>
80.            </div>
81.          <? php endif；? >
82.        </div>
```

7.3.5　登录模块

将商品加入购物车后，可以进行结算，如果用户没有登录则应该跳转到登录页，本节介绍登录模块的实现，前台登录页面如图 7.18 所示。

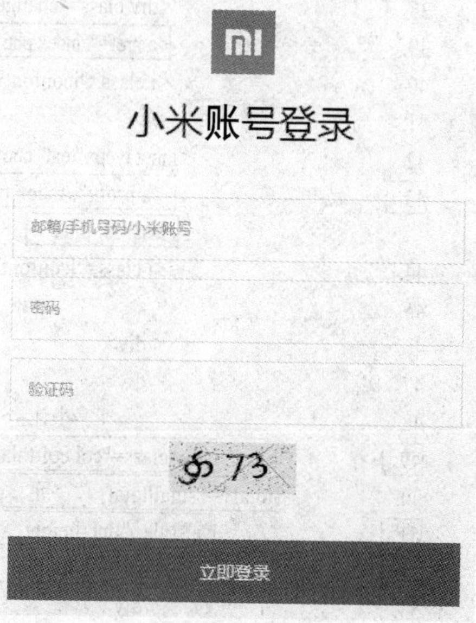

1. 登录视图

创建登录信息视图。创建文件：\application \home\view\login.html，具体代码不全部列出，只列出关键部分代码如下：

```
1.  <form  action="./index.php？p=home&c=login&a=login" method="POST">
2.                <div class="loginbox c_b">
3.                  <! -- 输入框 -->
4.                  <div class="lgn_inputbg c_b">
5.                  <! --验证用户名-->
6.                  <div class="single_imgarea" id="account-info">
```

图 7.18　前台登录页面

```
7.          <div class="na-img-area" id="account-avator" style="display：none">
8.              <div class="na-img-bg-area" id="account-avator-con"></div>
9.          </div>
10.         <p class="us_name" id="account-displayname"></p>
11.         <p class="us_id"></p>
12.     </div>
13.     <label id="region-code" class="labelbox login_user c_b" for="">
14.         <input class="item_account" autocomplete="off" type="text" name="username" id="username"
            placeholder="邮箱/手机号码/小米账号">
15.     </label>
16.     <div class="country-container" id="countrycode_container" style="display：　none；"></div>
17.     <label class="labelbox c_b">
18.         <div></div>
19.         <input type="password" placeholder="密码" name="pass" id="pwd">
20.     </label>
21.     <div class="country-container" id="countrycode_container" style="display：　none；"></div>
22.     <label class="labelbox c_b">
23.         <div></div>
24.         <input type="text" placeholder="验证码" name="verify" >
25.     </label>
26.     <img style="margin-left：126px；" alt="图片验证码" title="看不清换一张" class="icode_image
        code-image chkcode_img" src="./Application/Common/code.php"
27.     onclick='this.src = "./Application/Common/code.php？id=" + Math.random（）；'>
28.         <p style="margin-left：122px；margin-top：10px" >
29.     <!-- 登录频繁 -->
30.         <? php
31.             // 接收错误号
32.             $errno = isset（$_GET['errno']） ？ $_GET['errno'] ： ";
33.             if（! empty（$errno）） {
34.                 switch（$errno） {
35.                     case 1：  $msg = '验证码错误！';  break;
36.                     case 2：  $msg = '账号错误！';  break;
37.                     case 3：  $msg = '密码错误！';  break;
38.                     case 4：  $msg = '账号已被禁用'；  break;
39.                     default ：  $msg = '未知错误！';
40.                 }
41.             }
42.             echo '<span style="color：red；font-size：20px">'.@$msg.'</span>';
43.         ？>
44.         </p>
45.     </div>
46.     <div class="lgncode c_b" id="captcha">
47.     </div>
48.     </div>
49. </form>
```

2. 登录控制器

创建登录控制器 login 和各类方法。创建文件：\application\home\controller\ login Controller.class.php，具体代码如下：

```php
1.  <? php
2.  /*登录控制器类*/
3.  class loginController extends platformController{
4.    public function indexAction（）{
5.      //载入视图文件
6.      require './application/home/view/login.html';
7.  }
8.  /*登录方法*/
9.  public function loginAction（）{
10.   //判断是否有表单提交
11.     if（! empty（$_POST））{
12.       $code = $_POST['verify'];
13.       // 如果验证码不相等
14.       if（$code ! = $_SESSION['code']）
15.       {
16.         //error == 1 代表 验证码错误      header（'location：./index.php? p=home&c=login&a= index&errno=1'）；
17.         exit;
18.       }
19.       //接收输入数据
20.       $username = $_POST['username'];
21.       $password = $_POST['pass'];
22.       $usersModel = new usersModel（）;
23.       //调用验证方法
24.       $rs=$usersModel->checkByLogin（$username，$password）；
25.       if（$rs）{
26.         //登录成功
27.         session_start（）;
28.         $userinfo=$usersModel->getByName（$username）;
29.         $_SESSION['userinfo'] = $userinfo;
30.         //跳转
31.         if（empty（$_SESSION['userinfo']['status']））{
32.   header（'Location：./index.php? p=home&c=login&a=index&errno=4'）；    //账号被停用
33.         }else if（$_SESSION['userinfo']['status']=1）
34.         {
35.           //如果购物车不为空跳到订单页
36.           if（! empty（$_SESSION['shopcar']））{
37.             header（'./index.php? p=home&c=address&a=index '）；
38.             exit;
39.           }
40.           //购物车为空，则跳到首页
41.           header（'location：./index.php'）；
42.         }
```

```
43.              }else if （$rs==2）
44.              {
45.                  //登录失败
46.                  header（'location：./index.php？m=login&errno=2'）;  // 用户名错误
47.                  exit；
48.              }
49.          else
50.              {
51.                  //登录失败
52.                  header（'location：./index.php？m=login&errno=3'）;  // 密码错误
53.                  exit；
54.              }
55.          }
56.      //载入视图文件
57.      require（'./application/home/view/login.html'）；
58. }
59. /* 退出方法 */
60. public function logoutAction（）{
61.      $_SESSION = null；
62.      session_destroy（）；
63.      header（'location：./index.php'）;  //跳转
64.      exit；
65. }
66.}
```

3．用户模型

在登录控制器中，要进行用户身份的验证，需要在用户模型中定义相应的验证方法。创建 uers 模型类，./application/home/model/usersModel.class.php。代码如下：

```
1.  <? php
2.  /**
3.   * users 表的操作类，继承基础模型类
4.   */
5.  class usersModel extends model{
6.  /* 查询所有用户 */
7.  public function getAll（$where）{
8.      if （$where==null）
9.      {//拼接 SQL
10.         $sql = "select * from `shop_users` "；
11.     }
12.     else
13.     {
14.     $sql = "select * from   shop_users $where "；
15.     }
16.     $data = $this->db->fetchAll（$sql）；
17.     return $data；
18. }
```

19. /* 查询指定 id 的用户 */

20. public function getByID（$id）{

21.　　　　$data = $this->db->fetchRow（"select * from \`shop_users\` where id={$id}"）;

22.　　　　return $data;

23. }

24. /* 查询指定 name 的用户 */

25. public function getByName（$name）{

26.　　　　$data = $this->db->fetchRow（"select * from \`shop_users\` where \`name\`='{$name}'"）;

27.　　　　return $data;

28. }

29. /* 验证登录 */

30. public function checkByLogin（$username, $password）{

31.　　　　//通过用户名查询密码信息

32.　　　　$sql = "select * from shop_users where \`name\`='$username'";

33.　　　　$data = $this->db->fetchRow（$sql）;

34.　　　　//判断用户名和密码

35.　　　　if（! $data）{

36.　　　　　　//用户名不存在

37.　　　　　　return 2;

38.　　　　}

39.　　　　//返回密码比较结果

40.　　　　if（md5（$password）! = $data['pass']）

41.　　　　　　return 3;

42.　　　　return 1;

43.　　}

44. }

7.3.6　订单模块

选购完商品后，点击"结算"，则页面将跳转到收货地址页，如图 7.19 和图 7.20 所示。

图 7.19　收货地址页面

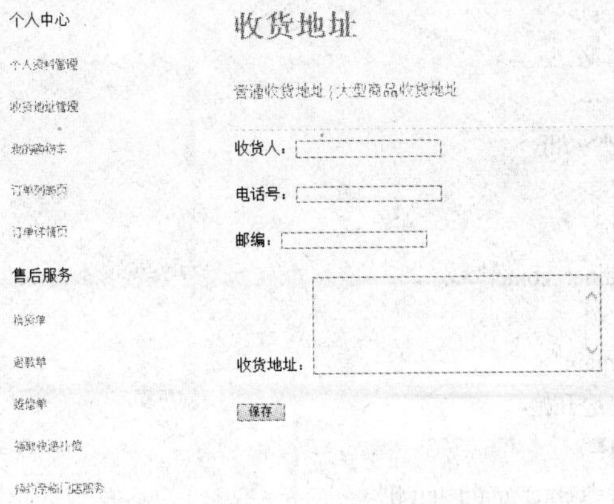

图 7.20　收货地址页面

在收货地址页填入收件人的地址后，点击"保存"，则页面跳转到订单列表，列出订单内容，如图 7.21 所示。

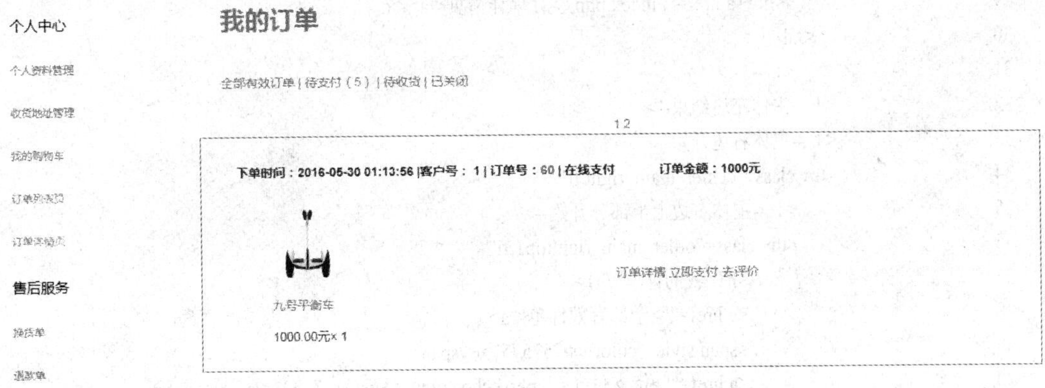

图 7.21　订单列页

1.　订单视图

创建订单信息视图。创建文件：\application\home\view\ order_list.html，具体代码如下：

```
1.  <! DOCTYPE html>
2.  <html>
3.  <head>
4.      <title>index</title>
5.      <meta charset="utf-8" />
6.      <link rel="stylesheet" type="text/css" href="./public/homecss/index.css"/>
7.      <link rel="stylesheet" type="text/css" href="./public/homecss/order_list.css"/>
8.  </head>
9.  <body>
10.     <div class="bag1">
11.     <! --容器开始 1-->
```

```
12.        <div id="container">
13.             <! --头部省略......-->
14.         <! --导航省略......-->
15.         <div class="clear"></div>
16.         <! --容器开始 2-->
17.         <div class="bag2">
18.         <div class="container_conter">
19.         <! --主体开始-->
20.         <div id="center_main">
21.             <! --主体左边开始-->
22.                 <! --1-->
23.             <dl class="center_main_left fl">
24.             <dd><a href="./index.php" >个人中心</a></dd>
25.             <dt><a href="./index.php">个人资料管理</a></dt>
26.             <dt><a href="./index.php">收货地址管理</a></dt>
27.             <dt><a href="./index.php">我的购物车</a></dt>
28.             <dt><a href="./index.php">订单列表页</a></dt>
29.             <dt><a href="./index.php ">订单详情页</a></dt>
30.             </dl>
31.                 <! --1-->
32.             <! --主体左边结束-->
33.             <! --主体右边开始-->
34.             <div class="center_main_right fr">
35.                 <! --主体右边上半部分开始-->
36.                 <div class="order_main_righttop1 fl">
37.                     <h1>我的订单</h1>
38.                     <a href="">全部有效订单</a>
39.                     <span style="color: #757575">|</span>
40.                     <a href="">待支付（<? php echo count（$list）  ? >）</a>
41.                     <span style="color: #757575">|</span>
42.                     <a href="">待收货</a>
43.                     <span style="color: #757575">|</span>
44.                     <a href="">已关闭</a>
45.                 </div>
46.                 <! --主体右边上半部分结束-->
47.                 <div class="clear"></div>
48.                 <! --主体右边下半部分开始-->
49.             <! --1-->                      <center>
50.             <td colspan='8'>
51.                 <? php echo $pageList；  ? >
52.                 </td>
53.         </center>          <? php    if（is_array（$list）） {
54.             foreach （$list as   $v）：
55.             ? >
56.             <div class="box-bd">
57.                 <! --1-->
```

58.   <div id="J_orderList">
59.   <ul class="order-list">
60.   <li class="uc-order-item uc-order-item-finish">
61.   <? php
62.   foreach （$vall[$v['id']] as $value）： ? >
63.   <div class="order-detail">
64.   <div class="order-summary">
65.   </div>
66.   <table class="order-detail-table">
67.   <thead>
68.   <tr>
69.   <th class="col-main">
70.   <p class="caption-info">下单时间：<? php echo date（'Y-m-d H：i：s', $v['addtime']）； ? ><span class="sep">|客户号：</span><? php echo $value['uid']； ? ><span class="sep">|</span>订单号：<a href="#"><? php echo $value['oid']? ></a><span class="sep">|</span>在线支付</p>
71.   </th>
72.   <th class="col-sub"> <p style="padding-left：50px" class="caption-price">订单金额：<span class="num"><? php echo $value['price']*$value['buy'] ? ></span>元</p>
73.   </th>
74.   </tr>
75.   </thead>
76.   <tbody>
77.   <tr>
78.   <td class="order-items">
79.   <ul class="goods-list">
80.   <li>
81.   <div class="figure figure-thumb">
82.   <a href="#" target="_blank"> <img src="./public/goods/<? php echo $value['image'] ? >" width="80" height="80" > </a>
83.   </div>
84.   <p class="name">
85.   <a href="#" target="_blank"><? php echo $value['goodsname'] ? ></a>
86.   </p>
87.   <p class="price"><? php echo $value ['price'] ? >元× <? php echo $value['buy']? ></p>
88.   </li>
89.   </ul>
90.   </td>
91.
92.   <td class="order-actions">
93.   <a class="btn btn-small btn-line-gray" href=". /index.php? m=shopdetail&id=<? =$value['id'] ? >&oid=<? =$value['oid'] ? >">订单详情</a>
94.   <a class="btn btn-small btn-line-gray" href="./index.php? m=shopdetail&id=<? =$value['id'] ? >&oid=<? =$value['oid'] ? >">立即支付</a>
95.   <a class="btn btn-small btn-line-gray" href="./index.php?

m=review&id=<? =$value['id'] ? >">去评价</a>

96.   <! --

97.   <a class="btn btn-small btn-line-gray" href="./index.php?

m=deleteorder&oid=<? =$value['oid'] ? >">删除订单</a>

98.   -->

99.   </td>

100.   </tr>

101.   </tbody>

102.   </table>

103.   </div>

104.   <? php endforeach; ? >

105.   </li>

106. </ul>

107. </div>

108. <! --1-->

109. <? php endforeach; }else{

110.   echo '暂无订单';

111. }? >

112. </div>

113. <! --主体右边下半部分结束-->

114. </div>

115. <! --主体右边结束-->

116. </div>

117. <! --主体结束-->

118. <div class="clear"></div>

119. <div style="height：50px"></div>

120. <! --页脚省略......-->

121. </div>

122. <! --容器2结束-->

123. </div>

124. </body>

125. </html>

2. 订单控制器

（1）创建订单控制器 orders 和各类方法。创建文件：\application\home\controller\ordersController.class.php，具体代码如下：

1. <? php

2. /**

3. * 订单模块控制器类

4. */

5. class ordersController extends platformController{

6. /**

7. * 订单列表

8. */

9. public function listAction（）{

```php
10.        //先登录
11.        if（empty（$_SESSION['userinfo']））
12.        {
13.             //var_dump（$_SESSION['userinfo']）；
14.             header（'location：./index.php？p=home&c=login&a=index'）；
15.             exit；
16.        }
17.        $uid=$_SESSION['userinfo']['id']；
18.        //  实例化 categorys 模型
19.        $categorysModel = new categorysModel（）；
20.        //  查找导航顶端的分类字段
21.        $goodslist1 = $categorysModel->getAll（" where pid=1"）；
22.        // 查找左边的分类字段
23.        //实例化模型，取出数据
24.        $orders= new ordersModel（）；
25.        $num=$orders->getNumber（" where uid={$uid}"）；
26.        $page=new page（$num，5）；
27.        $list=$orders->getAll（" where uid={$uid} "，$page->getLimit（））；
28.        $pageList=$page->getPageList（）；
29.        foreach （$list as  $v）
30.        {
31.             $od=new orderdetailModel（）；
32.             $vall[$v['id']]=$od->getAll（" where oid={$v['id']} "，""）；
33.             foreach （$vall[$v['id']] as $k => $vv）{
34.                  $goodsmodel=new goodsModel（）；
35.                  $goods =$goodsmodel->getByID（$vv['gid']）；
36.                  $vall[$v['id']][$k]['image']= $goods['image']；
37.             }
38.        }
39.        //载入视图文件
40.        require './application/home/view/order_list.html'；
41. }
42. /* 查看指定订单信息 */
43. public function infoAction（）{
44.    require './application/home/view/orders_info.html'；
45. }
46. //添加订单
47. function addAction（）{
48.        if（empty（$_SESSION['shopcar']））{
49.             $this->jump（'./index.php'，'请先购物！'）；
50.        }
51.        $orders= new ordersModel（）；
52.        $rs=$orders->insert（）；
53.        if（$rs）{
54.             unset（$_SESSION['shopcar']）；
55.             header（'location：./index.php？p=home&c=orders&a=list'）；
```

```
56.        }
57.          else
58.        {
59.              $this->jump ('./index.php', '订单生成失败！') ;
60.        }
61.    }
62. }
```

（2）数据分页。当订单数量过多时，订单列表应该以分页的形式展示订单，例如一共
100 条订单，每页显示 15 条，则一共需要 7 页进行显示。由于数据分页是项目公用的功
能，所以可以在框架中封装一个分页类，用于处理页面导航链接和 SQL 语句中的 LIMIT
条件。订单控制器中已经使用分页类进行分页，下面将在框架中封装一个分页类，实现自
动生成 LIMIT 和分页导航链接。创建文件：\framework\page.class.php，具体代码如下：

```
1.  <? php
2.  class page{
3.  private $total；//总页数
4.  private $size；//每页记录数
5.  private $url；  //URL 地址
6.  private $page；      //当前页码
7.  /**
8.   * 构造函数
9.   * @param $total  总记录数
10.  * @param $size   每页记录数
11.  * @param $url    URL 地址
12.  */
13. public function __construct ($total, $size, $url='') {
14.    //计算页数，向上取整
15.    $this->total = ceil ($total / $size)；
16.    //每页记录数
17.    $this->size = $size；
18.    //为 URL 添加 GET 参数
19.    $this->url = $this->setUrl ($url)；
20.    //获得当前页码
21.    $this->page = $this->getNowPage ()；
22. }
23. /* 获得当前页码 */
24. private function getNowPage () {
25.    $page = ！ empty ($_GET['page']) ？ $_GET['page'] ： 1；
26.    if ($page < 1) {
27.        $this->page = 1；
28.    }else if ($page > $this->total) {
29.        $page = $this->total；
30.    }
31.    return $page；
32. }
```

```
33. /* 为 URL 添加 GET 参数，去掉 page 参数 */
34. private function setUrl（$url）{
35.      $url .= '? ';
36.      foreach（$_GET as $k=>$v）{
37.          if（$k! ='page'）{
38.              $url .= "$k=$v&";
39.          }
40.      }
41.      return $url;
42. }
43. /* 获得分页导航 */
44. public function getPageList（）{
45.      //总页数不超过 1 时直接返回空结果
46.      if（$this->total<=1）{
47.          return '';
48.      }
49.      //拼接分页导航的 HTML
50.      $html = '';
51.      if（$this->page>4）{
52.          $html = "<a href=\"{$this->url}page=1\">1</a> ... ";
53.      }
54.      for（$i=$this->page-3，$len=$this->page+3；$i<=$len && $i<=$this->total；$i++）{
55.          if（$i>0）{
56.              if（$i==$this->page）{
57.                  $html .= " <a href=\"{$this->url}page=$i\" class=\"curr\">$i</a>";
58.              }else{
59.                  $html .= " <a href=\"{$this->url}page=$i\">$i</a> ";
60.              }
61.          }
62.      }
63.      if（$this->page+3<$this->total）{
64.          $html .= " ... <a href=\"{$this->url}page={$this->total}\">{$this->total}</a>";
65.      }
66.      //返回拼接结果
67.      return $html;
68. }
69. /* 获得 SQL 中的 limit*/
70.  public function getLimit（）{
71.      if（$this->total==0）{
72.          return '0，0';
73.      }
74.      return （$this->page - 1）* $this->size . "，{$this->size}";
75.  }
76. }
```

在上述代码中，第 13 行的构造方法接收 3 个参数，分别是总记录数、每页显示的记录数和 URL 地址。第 44 行的 getPageList( )方法用于获取分页导航链接。第 70 行的 getLimit( )方法用于获取 SQL 中的 LIMIT 条件。

（3）在框架基础类中，将分页类添加到自动加载方法的基础类列表中。打开文件：\framework\framework.class.php，具体修改如下：

```
1.      //定义基础类列表
2.      $base_classes = array（
3.          //类名 => 所在位置
4.          'model'              => './framework/model.class.php',
5.          'MySQLPDO'           => './framework/MySQLPDO.class.php',
6.          'page'               => './framework/page.class.php',
7.      );
```

3．订单模型

在订单控制器中，要进行订单的列表显示和生成新订单操作，需要在订单模型中定义相应的方法。

创建 orders 模型类，./application/home/model/ordersModel.class.php。代码如下：

```
1. <? php
2. /* orders 表的操作类，继承基础模型类 */
3. class ordersModel extends model{
4. /* 查询所有订单 */
5. public function getAll（$where，$limit）{
6.     if （$where==null）
7.     {//拼接 SQL
8.         $sql = "select * from `shop_orders` order by id desc";
9.     }
10.    else
11.    {
12.    $sql = "select * from   shop_orders $where order by id desc";
13.    }
14.     if （$limit==null）
15.    {//拼接 SQL
16.        $sql =$sql;
17.    }
18.    else
19.    {
20.    $sql =$sql ." limit ".$limit;
21.    }
22.        $data = $this->db->fetchAll（$sql）；
23.        return $data；
24. }
25. /* 查询指定 id 的订单 */
26. public function getByID（$id）{
27.     $data = $this->db->fetchRow（"select * from `shop_orders` where id={$id}"）；
28.     return $data；
```

29. }
30. 　　/* 查询订单数 */
31. public function getNumber（$where）{
32. 　　if （$where==null）
33. 　　{//拼接 SQL
34. 　　　　$sql = "select count （*） as num from `shop_orders` ";
35. 　　}
36. 　　else
37. 　　{
38. 　　$sql = "select count （*） as num from   shop_orders $where ";
39. 　　}
40. 　　$data = $this->db->fetchRow（$sql）;
41. 　　return $data['num'];
42. }
43. public function insert （）{
44. 　//总金额的接收
45. 　　$data['price'] = $_GET['total'];
46. 　　$data['name'] = $_POST['name'];
47. 　　$data['phone'] = $_POST['phone'];
48. 　　$data['address'] = $_POST['address'];
49. 　　$data['uid'] = $_SESSION['userinfo']['id'];
50. 　　$data['addtime'] =   time （）;
51. 　　$data['code'] = $_POST['code'];
52. 　　//接收 SESSION 里面的用户 id
53. 　　$time=time（）;
54. 　　$uid=$_SESSION['userinfo']['id'];
55. 　　//添加订单表
56. 　　$sql = "insert into shop_orders set ";
57. 　　foreach（$data as $k=>$v）{
58. 　　　　$sql .= "`$k`=: $k, ";
59. 　　}
60. 　　$sql = rtrim（$sql, ', ）; //去掉最右边的逗号
61. 　　//通过预处理执行 SQL
62. 　　$this->db->execute（$sql, $data, $result）;
63. 　　　$last=$this->db->fetchRow（"select max （id） as maxid from shop_orders"）;
64. 　　$lastid=$last['maxid'];
65. 　　//遍历购物车中所有商品，并添加到订单详情表
66. 　　foreach （$_SESSION['shopcar'] as $key => $value）
67. 　　{
68. 　　　　$sql2 = "insert into shop_orderdetail （`uid`, `oid`, `gid`, `goodsname`, `price`, `buy`, `addtime`）
69. values （'{$uid}', '{$lastid}'; '{$value['id']}', '{$value['name']}', '{$value['price']}', '{$value['num']}', '{$time}'） ";
70. 　　　　$result2 =$this->db->query（$sql2）;
71. 　　}
72. 　　if （$result && $result2）
73. 　　　　return true;
74. 　　else

```
75.         return false；
76.     }
77. }
```

任 务 7.4 后 台 模 块 实 现

7.4.1 后台登录模块

后台是管理的平台，只有管理员有权限进入后台。所以在访问后台时，需要先验证管理员的账号和密码，只有登录后才能进入后台。接下来讲解如何在 MVC 项目中实现后台用户登录。后台登录页如图 7.22 所示。

1. 后台平台控制器

在后台的平台控制器中验证用户是否登录。创建文件：\application\admin\controller\platformController.class.php，具体代码如下：

图 7.22 仿小米商城后台登录页

```
1.  <? php
2.  /* admin 平台控制器 */
3.  class platformController{
4.  /* 构造方法*/
5.  public function __construct（）{
6.      $this->checkLogin（）；
7.  }
8.  /*验证当前用户是否登录    */
9.  private function checkLogin（）{
10.     //login 方法不需要验证
11.     if（CONTROLLER=='admin' && ACTION=='login'）{
12.         return ；
13.     }
14.     //通过 SESSION 判断是否登录
15.     session_start（）；
16.     if（! isset（$_SESSION['admin']））{
17.         //未登录跳转到 login 方法
18.         $this->jump（'index.php? p=admin&c=admin&a=login'）；
19.     }
20. }
21. /*跳转方法*/
22. protected function jump（$url）{
23.     header（"Location： $url"）；
24.     die；
25. }
26. }
```

在上述代码中，当后台的控制器类被实例化时，就会自动调用构造方法，构造方法调用 checkLogin( )方法检查当前用户是否登录。第 15～19 行代码通过判断 SESSION 验证用户是否登录，未登录时跳转到 admin 控制器中的 login( )方法，然后在第 10～12 行代码中排除了不需要验证的 login( )方法。

2. admin 控制器

创建 admin 控制器并实现用户登录和退出的方法。创建文件：\application\admin\controller\adminController.class.php，具体代码如下：

```php
1.  <? php
2.  /*管理员模块控制器类*/
3.  class adminController extends platformController{
4.  /* 登录方法 */
5.  public function indexAction（）{
6.      //载入视图文件
7.      require './application/admin/view/login.html';
8.  }
9.  public function loginAction（）{
10.     //判断是否有表单提交
11.     if（! empty（$_POST））{
12.         $code = $_POST['verify'];
13.         // 如果验证码不相等
14.         if（$code ! = $_SESSION['code']）
15.         {// error == 1 代表　验证码错误 header（'location：./index.php? p=admin&c=admin&a=index&errno=1'）;
16.             exit;
17.         }
18.         //实例化 admin 模型，接收输入数据
19.         $username = $_POST['username'];
20.         $password = $_POST['pass'];
21.         $usersModel = new adminModel（）;
22.         //调用验证方法
23.         $rs=$usersModel->checkByLogin（$username，$password）;
24.         if（$rs）{
25.             //登录成功
26.             session_start（）;
27.             $userinfo=$usersModel->getByName（$username）;
28.             $_SESSION['userinfo'] = $userinfo; if（empty（$_SESSION['userinfo']['status']）){ header（'Location：./index.php? p=admin&c=admin&a=index&errno=4'）; //账号被停用
29.             }else if（$_SESSION['userinfo']['status']=1）
30.             {
31.                 header（'location：./index.php? p=admin&c=index&a=index'）;
32.             }
33.         }else if （$rs==2）
34.         {//登录失败　用户名错误　header（'location：./index.php? p=admin&c=admin&a=index&errno=2'）;
35.             exit;
36.         }
```

```
37.        else
38.        { //登录失败密码错误   header（'location：./index.php？p=admin&c=admin&a=index&errno=3'）；
39.            exit；
40.            }
41.        }
42.    //载入视图文件
43.    require（'./application/admin/view/login.html'）；
44. }
45. /* 退出方法 */
46. public function logoutAction（）{
47.    $_SESSION = null；
48.    session_destroy（）；
49.    //跳转
50.    $this->jump（'index.php？p=admin'）；
51.    }
52. }
```

在上述代码中，当 loginAction( )方法没有收到 POST 请求时，就会载入视图文件显示登录页面；反之，则对接收到的登录表单进行验证。验证成功时创建 SESSION 并跳转到后台默认的控制器和方法，验证失败则输出失败提示并停止脚本。

3. admin 模型

创建 admin 模型并实现 checkByLogin()方法。创建文件：\application\admin\model\adminModel.class.php，具体代码如下：

```
1.  <? php
2.  /* users 表的操作类，继承基础模型类 */
3.  class adminModel extends model{
4.  /* 查询所有用户 */
5.  public function getAll（$where）{
6.      if （$where==null）
7.      {//拼接 SQL
8.          $sql = "select * from `shop_users` "；
9.          }
10.     else
11.     {
12.     $sql = "select * from   shop_users $where "；
13.     }
14.     $data = $this->db->fetchAll（$sql）；
15.     return $data；
16. }
17. /* 查询指定 id 的用户 */
18. public function getByID（$id）{
19.     $data = $this->db->fetchRow（"select * from `shop_users` where id={$id}"）；
20.     return $data；
21. }
22. /* 查询指定 name 的用户 */
```

23. public function getByName（$name）{
24. $data = $this->db->fetchRow（"select * from `shop_users` where `name`='{$name}'"）;
25.   return $data;
26. }
27. /* 验证登录 */
28. public function checkByLogin（$username，$password）{
29.   //通过用户名查询密码信息
30. $sql = "select * from shop_users where `name`='$username'";
31. $data = $this->db->fetchRow（$sql）;
32.   //判断用户名和密码
33.   if（! $data）{ //用户名不存在
34.   return 2;
35.   }
36.   //返回密码比较结果
37.   if （md5（$password） ! = $data['pass']）
38.   return 3;
39.   return 1;
40. }
41. }

4. 登录视图

（1）制作后台登录页面视图文件。创建文件：\application\admin\view\login.html，具体
代码如下：

1. <form action="./index.php？p=admin&c=admin&a=login" method="post">
2.   <a style="" href="./index.html"><h1>小米用户登录</h1></a>
3.   <dl>
4.   <dd>
5.   <p style="padding： 30px 0px 10px； position： relative；">
6.   <span class="u_logo"></span>
7.   <input class="ipt" type="text" placeholder="请输入用户名" value="" name="username" />
8.   </p>
9.   </dd>
10.   <dd>
11.   <p style="padding： 5px 0px 10px； position： relative；"><span class="p_logo"></span>
12.   <input class="ipt" id="password" type="password" placeholder="请输入密码" value="" name="pass">
13.   </p>
14.   </dd>
15.   <dd>
16. <p style="padding： 5px 0px 10px； position： relative；"><span class="p_logo"></span>
17. <input class="ipt" id="verify" type="text" placeholder="请输入验证码" value="" name="verify">
18. </p>
19. </dd>
20. <dd><img src="./Application/Common/code.php" style="cursor： pointer；" onclick='this.src = "./Application/ Common/ code.php？ id=" + Math.random（）；' alt="看不清点击刷新" title="看不清点击刷新" /></dd>
21. <dd>

```
22. <input class="login_btn" type="submit" value="登录" /></dd>
23. <dd>
24. <? php
25.        // 接收错误号
26.            $errno = isset（$_GET['errno']）？ $_GET['errno'] ： '';
27.            if（! empty（$errno）） {
28.                switch（$errno） {
29.                    case 1： $msg = '验证码错误！'； break;
30.                    case 2： $msg = '账号错误！'； break;
31.                    case 3： $msg = '密码错误！'； break;
32.                    case 4： $msg = '账号已被禁用'； break;
33.                    default： $msg = '未知错误！'；
34.                }
35.            }
36.            echo '<span style="color：red；font-size：20px">'.@$msg.'</span>';
37.        ? >
38.        </dd>
39.    </dl>
40. </form>
```

上述代码是一个简单的 HTML 登录页面，其中外链了后台登录样式文件 admin.css。样式文件 login.css 的具体代码，由于篇幅关系，不详细列出，读者可从本书附带资源中下载。

（2）测试用户登录功能。使用浏览器访问后台，运行结果如图 7.23 所示。当输入正确的用户名和密码后，单击"登录"提交表单，登录成功后自动跳转到后台 admin 控制器中的 index 方法，说明登录成功。至此就实现了后台的用户登录。

图 7.23 仿小米商城后台管理页

7.4.2 商品管理

商品管理是对商品进行查看、修改、回复、删除等操作，接下来详细讲解如何在 MVC 项目中实现商品管理的各项功能。

1. 后台管理平台视图

创建后台管理平台视图。创建文件：\application\admin\view\ index.html，具体代码如下：

```
1. <! DOCTYPE html>
2. <? php
3.        if（! isset（$_SESSION['userinfo']['name']）） {
```

```
4.              header（'Location：./login.php'）；
5.          }
6.      $var = array（''，'超级管理员'，'管理员'，'vip 会员'，'普通会员'）；
7.      $peo = $_SESSION['userinfo']['grade']；
8.      switch （$peo）  {
9.          case 1：
10.         $happy = '您好！尊敬的<font style="font-size：40px" color="red">'.$var[ $peo ].'</font>，您可以任意进行操作！'；
11.             break；
12.         case 2：
13.         $happy = '你好！尊敬的<font style="font-size：40px" color="red">'.$var[ $peo ].'</font>，您可以进行操作！'；
14.             break；
15.         case 3：
16.          $happy = '尊敬的<font style="font-size：40px" color="red">'.$var[ $peo ].'</font>，您可以进行会员修改操作！'；
17.             break；
18.         default：
19.         $happy = '尊敬的<font style="font-size：40px" color="red">'.$var[ $peo ].'</font>'.$_SESSION['userinfo']['name']；
20.             break；
21.     }
22.  ? >
23. <html>
24. <head id="Head1">
25.     <title>小米后台主页</title>
26.     <meta charset="utf-8"/>
27.     <link href="./public/Css/default.css" rel="stylesheet" type="text/css" />
28.     <link rel="stylesheet" type="text/css" href="./public/js/themes/default/easyui.css" />
29.     <link rel="stylesheet" type="text/css" href="./public/js/themes/icon.css" />
30.     <script type="text/javascript" src="./public/js/jquery-1.4.2.min.js"></script>
31.     <script type="text/javascript" src="./public/js/jquery.easyui.js"></script>
32. <script type="text/javascript" src='./public/js/outlook2.js'> </script>
33.     <script type="text/javascript">
34.  var _menus = {"menus": [
35.                   {"menuid": "1", "icon": "icon-sys", "menuname": "会员管理",
36.                       "menus": [{"menuname": "浏览会员", "icon": "icon-nav", "url": "#"},
37.                               {"menuname": "添加会员", "icon": "icon-add", "url": "#"},
38.                               /*{"menuname": "用户管理", "icon": "icon-users", "url": "#"},
39.                               {"menuname": "角色管理", "icon": "icon-role", "url": "#"},
40.                               {"menuname": "权限设置", "icon": "icon-set", "url": "#"},
41.                               {"menuname": "系统日志", "icon": "icon-log", "url": "#"}
42.                               */
43.                           ]
44.                   }, {"menuid": "8", "icon": "icon-sys", "menuname": "分类管理",
45.                       "menus": [{"menuname": "浏览分类", "icon": "icon-nav", "url": "#"},
46.                               {"menuname": "添加顶级分类", "icon": "icon-nav", "url": "#"}
47.                           ]
48.                   }, {"menuid": "56", "icon": "icon-sys", "menuname": "商品管理",
```

```
49.                    "menus": [{"menuname": "浏览商品", "icon": "icon-nav", "url": "./index.php?
                          p=admin&c=goods&a=list"},
50.                              {"menuname": "添加商品", "icon": "icon-nav", "url": "./index.php?
                          p=admin&c=goods&a=add"},
51.                          {"menuname": "商品评价", "icon": "icon-nav", "url": "#"}   ]
52.                  }, {"menuid": "28", "icon": "icon-sys", "menuname": "订单管理",
53.                      "menus": [{"menuname": "浏览订单", "icon": "icon-nav", "url": "#"},
54.                          {"menuname": "订单商品", "icon": "icon-nav", "url": "#"}
55.                      ]
56.                  }, {"menuid": "39", "icon": "icon-sys", "menuname": "友情链接",
57.                      "menus": [{"menuname": "连接列表", "icon": "icon-nav", "url": "#"},
58.                          {"menuname": "添加连接", "icon": "icon-nav", "url": "#"}
59.                      ]
60.                  }
61.              ]};
62.          //设置登入窗口
63.          function openPwd() {
64.              $('#w').window({
65.                  title: '修改密码',
66.                  width: 300,
67.                  modal: true,
68.                  shadow: true,
69.                  closed: true,
70.                  height: 160,
71.                  resizable: false
72.              });
73.          }
74.          关闭登录窗口
75.          function close() {
76.              $('#w').window('close');
77.          }
78.          //修改密码
79.          function serverLogin() {
80.              var $newpass = $('#txtNewPass');
81.              var $rePass = $('#txtRePass');
82.              if ($newpass.val() == ") {
83.                  msgShow('系统提示', '请输入密码', 'warning');
84.                  return false;
85.              }
86.              if ($rePass.val() == ") {
87.                  msgShow('系统提示', '请再一次输入密码', 'warning');
88.                  return false;
89.              }
90.              if ($newpass.val() != $rePass.val()) {
91.                  msgShow('系统提示', '两次密码不一致！请重新输入', 'warning');
```

```
92.              return false;
93.          }
94.          $.post（'/ajax/editpassword.ashx？newpass='+$newpass.val（），function（msg）{
95.              msgShow（'系统提示', '恭喜密码修改成功！<br>您的新密码为：'+msg, 'info'）;
96.              $newpass.val（''）;
97.              $rePass.val（''）;
98.              close（）;
99.          }）
100.        }
101.    $（function（）{
102.          openPwd（）;
103.          //
104.          $（'#editpass'）.click（function（）{
105.              $（'#w'）.window（'open'）;
106.          }）;
107.
108.          $（'#btnEp'）.click（function（）{
109.              serverLogin（）;
110.          }）
111.          $（'#loginOut'）.click（function（）{
112.              $.messager.confirm（'系统提示', '您确定要退出本次登录吗？', function（r）{
113.
114.                  if（r）{
115.                      location.href = '/shop/Admin/login.php';
116.                  }
117.              }）;
118.          }）
119.    }）;
120.  </script>
121. </head>
122. <body class="easyui-layout" style="overflow-y： hidden" scroll="no">
123. <noscript>
124. <div style=" position： absolute； z-index： 100000； height： 2046px；top： 0px；left： 0px；width： 100%；
     background： white； text-align： center；">
125.      <img src="./public/images/noscript.gif" alt='抱歉，请开启脚本支持！' />
126. </div></noscript>
127.      <div region="north" split="true" border="false" style="overflow： hidden；height： 30px；
128.          background： url（./public/images/layout-browser-hd-bg.gif）#7f99be repeat-x center 50%；
129.          line-height： 20px；color： #fff；font-family： Verdana，微软雅黑，黑体">
130.    <span style="float： right；padding-right： 20px；" class="head">欢迎 <？php echo $_SESSION
     ['userinfo']['name']？>
131.          <a href="#" id="editpass">修改密码</a> <a href="./action.php？handler=zx" id="loginOut">安
     全退出</a>
132.          </span>
133.          <span style="padding-left： 10px；font-size： 16px；">
```

134.   <img src="./public/images/blocks.gif" width="20" height="20" align="absmiddle" /> 欢迎登录小米后台
135.   </span>
136.   </div>
137.   <div region="south" split="true" style="height：30px；background：#D2E0F2；">
138.   <div class="footer">有情连接：<a href="http：//www.baidu.com" target="_blank">www.baidu.com</a></div>
139.   </div>
140.   <div region="west" split="true" title="导航菜单" style="width：180px；" id="west">
141.   <div class="easyui-accordion" fit="true" border="false">
142.   <! -- 导航内容 -->
143.   </div>
144.   </div>
145.   <div id="mainPanle" region="center" style="background：#eee；overflow-y：hidden">
146.   <div id="tabs" class="easyui-tabs" fit="true" border="false" >
147.   <div title="欢迎使用" style="padding：20px；overflow：hidden；" id="home">
148.
149.   <h1 style="font-size：40px；text-align：center">
150.   <? php echo $happy ？ >
151.   </h1>
152.   </div>
153.   </div>
154.   </div>
155.   </body>
156. </html>

2. 商品列表视图

创建商品列表视图，商品列表图如图 7.24 所示。

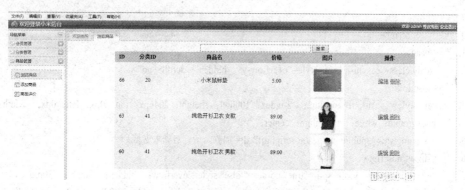

图 7.24 商品列表页

创建文件：\application\admin\view\ goods_list.html，具体代码如下：

1. <! DOCTYPE HTML>
2. <html>
3. <head>
4.   <title>商品列表</title>

```
5.      <meta charset='UTF-8'/>
6.      <style>
7.          #box{
8.              width: 900px;
9.              margin: 0 auto;
10.         }
11.         #tab{
12.             width: 900px;
13.             margin-left: 50px;
14.             text-align: center;
15.             margin: 0 auto;
16.             border-color: #99CCFF;
17.             border-width: 1px;
18.         }
19.         #tab td, th{
20.             padding: 1px;
21.         }
22.         #tab th{
23.             background-color: #99CCFF;
24.             border-color: #99CCFF;
25.             border-width: 1px;
26.             height: 30px;
27.         }
28.         #tab td{
29.             border-color: #99CCFF;
30.             border-width: 1px;
31.             height: 30px;
32.             text-align: center;
33.             background-color: #eee;
34.         }
35.         .page_footer{height: 35px; line-height: 35px; text-align: right; }
36.         .page_footer a{border: 1px solid #99CCFF; text-decoration: none; color: #666; padding: 2px 4px; margin:
            0 auto; line-height: 20px; }
37.         .page_footer a: hover{background: #f0f0f0; border: 1px solid #666; }
38.         .page_footer .curr{background: #f3f3f3; border: 1px solid #666; }
39.     </style>
40. </head>
41. <body>
42.     <div id='box' class="txt">
43.     <center>
44.         <form action='./index.php? p=admin&c=goods&a=list' method="post">
45.                 <input type="text" name='search' value='<? php echo $search; ? >' size="50">
46.                 <input type="submit" value='搜索'>
47.         </form>
```

48.　　　　</center>
49.　　　　　<table id='tab' cellspacing="0">
50.　　　　　　<caption></caption>
51.　　　　　　<tr>
52.　　　　　　　<th>ID</th>
53.　　　　　　　<th>分类 ID</th>
54.　　　　　　　<th>商品名</th>
55.　　　　　　　<th>价格</th>
56.　　　　　　　<th>图片</th>
57.　　　　　　　<th>操作</th>
58.　　　　　　</tr>
59.　　　　　　<? php
60.　　　　　　　if（! is_array（$goodslist））{
61.　　　　　　　　if（$goodslist=showError（'查询失败！'））{
62.　　　　　　　　　exit（）；
63.　　　　　　　　}
64.　　　　　　　}
65.　　　　　　foreach（$goodslist as $key=>$val）：? >
66.　　　　　　<tr>
67.　　　　　　　<td><? php　echo $val['id']；? ></td>
68.　　　　　　　<td><? php　echo $val['cateid']；? ></td>
69.　　　　　　　<td><? php　echo $val['name']；? ></td>
70.　　　　　　　<td><? php　echo $val['price']；? ></td>
71.　　　　　　　<td>
72.　　　　　　　　<img width="100" src="./public/goods/<? php　echo $val['image']；? >"/>
73.　　　　　　　</td>
74.
75.　　　　　　　<td>
76.　　　　　　　　<a href="./index.php? p=admin&c=goods&a=edit&id=<? php echo $val['id']；? >&page=<? php echo $p ? >">编辑</a>
77.　　　　　　　　<a href="./index.php? p=admin&c=goods&a=delete&id=<? php echo $val['id']；? >&page=<? php echo $p ? >">删除</a>
78.　　　　　　　</td>
79.　　　　　　</tr>
80.　　　　　　<? php endforeach；? >
81.　　　　　</table>
82. <div class="page_footer">
83.　　　<? php echo $pageList；? >
84. </div>
85.　　　</div>
86. </body>
87. </html>

3．商品编辑视图

创建商品编辑视图，商品编辑视图如图 7.25 所示。

图 7.25　商品编辑页

创建文件：\application\admin\view\ goods_edit.html，具体代码如下：

```
1.   <! DOCTYPE html>
2.   <html>
3.   <head>
4.       <meta http-equiv="content-type" content="text/html； charset=utf-8">
5.       <title>Index</title>
6.       <style>
7.          #box{
8.              width：900px；
9.              margin：0 auto；
10.          }
11.          #tab{
12.              width：900px；
13.              margin-left：50px；
14.              text-align：center；
15.              margin：0 auto；
16.              border-color：#99CCFF；
17.              border-width：1px；
18.          }
19.          #tab td，th{
20.              padding：1px；
21.          }
22.          #tab th{
23.              background-color：#99CCFF；
24.              border-color：#99CCFF；
25.              border-width：1px；
26.              height：30px；
27.          }
28.          #tab td{
29.              border-color：#99CCFF；
30.              border-width：1px；
31.              height：30px；
```

```
32.                     text-align： left；
33.                     background-color： #eee；
34.
35.              }
36.         .page_footer{height： 35px； line-height： 35px； text-align： right； }
37.         .page_footer a{border： 1px solid #99CCFF； text-decoration： none； color： #666； padding： 2px 4px； margin：
            0 auto； line-height： 20px； }
38.         .page_footer a： hover{background： #f0f0f0； border： 1px solid #666； }
39.         .page_footer .curr{background： #f3f3f3； border： 1px solid #666； }
40.     </style>
41. </head>
42. <body>
43.     <div id='box'><! --
44.     处理图片修改后删除原来的图片的传值 &path=<? php  $aa  ？ >-->
45.     <form action="./index.php？ p=admin&c=goods&a=save&id=<? php echo $goodsinfo['id']？ >&page=<? php
        echo $p  ？ >" method="post" enctype='multipart/form-data'>
46.         <table id='tab'>
47.             <caption>商品修改</caption>
48.
49.                 <tr>
50.                     <th>ID： </th>
51.                     <td><? php echo $goodsinfo['id']？ ></td>
52.                 </tr>
53.                 <tr>
54.                     <th>商品名： </th>
55.                     <td><input type='text' value="<? php echo $goodsinfo['name']？ >" name='name' /></td>
56.                 </tr>
57.                 <tr>
58.                     <th>分类 ID： </th>
59.                     <td><input type='text' value="<? php echo $goodsinfo['cateid']？ >" name='cateid'/></td>
60.                 </tr>
61.                 <tr>
62.                     <th>价格： </th>
63.                     <td><input type='text' value="<? php echo $goodsinfo['price']？ >" name='price'/></td>
64.                 </tr>
65.                 <tr>
66.                     <th>图片： </th>
67.                     <td><img width="100" src="./public/goods/<? php  echo $goodsinfo['image']；  ？ >"/>
68.                     <input type='file'  name="image"  /></td>
69.                 </tr>
70.                 <tr>
71.                     <th>库存</th>
72.                     <td><input type='text' value="<? php echo $goodsinfo['store']？ >" name='store' /></td>
73.                 </tr>
74.
75.                 <tr>
```

```
76.                <th>描述</th>
77.                <td><input type='text' value="<? php echo $goodsinfo['describe']? >" name='describe' /></td>
78.            </tr>
79.            <tr>
80.                <th>状态</th>
81.                <td>
82.                <select name='status'>
83.                    <option <? php echo $goodsinfo['status']＝1 ?  'selected' :  "? >  value="1">新上架</option>
84.                    <option <? php echo $goodsinfo['status']＝2 ?  'selected' :  "? >  value="2">在售</option>
85.                    <option <? php echo $goodsinfo['status']＝3 ?  'selected' :  "? >  value="3">下架</option>
86.                </select>
87.                </td>
88.            </tr>
89.            <tr>
90.                <td style="text-align: center"  colspan="2">
91.                    <input type="submit"   value="保存" />
92.                </td>
93.            </tr>
94.        </table>
95.        </form>
96.    </div>
97. </body>
98. </html>
```

4．商品添加视图

创建商品添加视图，商品添加视图如图 7.26 所示。

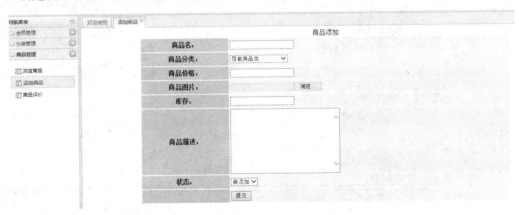

图 7.26 商品添加页

创建文件：\application\admin\view\ goods_add.html，具体代码如下：

```
1.  <! DOCTYPE html>
2.  <html>
3.  <head>
4.      <meta http-equiv="content-type" content="text/html;  charset=utf-8">
5.      <title>Index</title>
```

217

```
6.        <style type="text/css">
7.            #box{
8.                width: 900px;
9.                margin: 0 auto;
10.            }
11.           #tab{
12.               width: 900px;
13.               margin-left: 50px;
14.               text-align: center;
15.               margin: 0 auto;
16.               border-color: #99CCFF;
17.               border-width: 1px;
18.           }
19.           #tab td，th{
20.               padding: 1px;
21.           }
22.           #tab th{
23.               background-color: #99CCFF;
24.               border-color: #99CCFF;
25.               border-width: 1px;
26.               height: 30px;
27.           }
28.           #tab td{
29.               border-color: #99CCFF;
30.               border-width: 1px;
31.               height: 30px;
32.               text-align: left;
33.               background-color: #eee;
34.
35.           }
36.        </style>
37. </head>
38. <body>
39.        <div id='box'>
40.
41.        <form action="./index.php? p=admin&c=goods&a=doadd" method="post" enctype='multipart/form-data'>
42.            <table id='tab'>
43.                <caption>商品添加</caption>
44.                <tr>
45.                    <th>商品名：</th>
46.                    <td><input type="text" name='name'/></td>
47.                </tr>
48.                <tr>
49.                    <th>商品分类：</th>
50.                    <td>
51.                        <select name="cateid" >
```

```
52.                          <?  php
53.                              echo $ctype；
54.                          ? >
55.                      </select>
56.                  </td>
57.              </tr>
58.              <tr>
59.                  <th>商品价格：</th>
60.                  <td><input type="text" name="price"/></td>
61.              </tr>
62.              <tr>
63.                  <th>商品图片：</th>
64.                  <td>
65.                      <input type="file" name="image" />
66.                  </td>
67.              </tr>
68.              <tr>
69.                  <th>库存：</th>
70.                  <td><input type="text" name='store'/></td>
71.              </tr>
72.              <tr>
73.                  <th>商品描述：</th>
74.                  <td>
75.                      <textarea name="describe" id="" cols="30" rows="10"></textarea>
76.                  </td>
77.              </tr>
78.              <tr>
79.                  <th>状态：</th>
80.                  <td>
81.                      <select name="status">
82.                          <option value="1">新添加</option>
83.                          <option value="2">在售</option>
84.                          <option value="3">下架</option>
85.                      </select>
86.                  </td>
87.              </tr>
88.              <tr>
89.                  <th></th>
90.                  <td><input type="submit" value='提交'/></td>
91.              </tr>
92.          </table>
93.      </form>
94.   </div>
95. </body>
96. </html>
```

5. 商品控制器

管理员在商品列表中可以查看商品价格等信息，同时能够通过链接对商品进行编辑、删除、添加操作。实现后台商品列表的步骤和前台类似。

创建后台 goods 控制器各类方法。创建文件：\application\admin\controller\ goods Controller.class.php，具体代码如下：

```php
1.  <? php
2.  /* 商品模块控制器类 */
3.  class goodsController extends platformController{
4.  /* 商品列表 */
5.  public function listAction（）{
6.          //实例化模型，取出数据
7.          $goods= new goodsModel（）；
8.          $search = isset（$_POST['search']）？ $_POST['search']： ";
9.          $p= isset（$_GET['page']）？ $_GET['page']： 1;
10.         //判断搜索关键字为空时判断
11.         if（empty（$search））
12.         {
13.             $num=$goods->getNumber（""）;
14.             $page=new page（$num, 5）;
15.             $goodslist=$goods->getAll（"", $page->getLimit（））;                    }
16.         else
17.         {
18.             $num=$goods->getNumber（" where name like '%{$search}%'"）;
19.             $page=new page（$num, 5）;
20.             $goodslist=$goods->getAll（" where name like '%{$search}%'", $page->getLimit（））;
21.         }
22.         $_SESSION['search']=$search;
23.         $pageList=$page->getPageList（）;
24.         //载入视图文件
25.         require './application/admin/view/goods_list.html';
26. }
27. /* 查看指定商品信息 */
28. public function editAction（）{
29.         //接收请求参数
30.         $id = $_GET['id'];
31.         $p=$_GET['page'];
32.         // 如果没有商品 ID，直接跳转到 主页
33.         if（empty（$id））{
34.             header（'location：.index.php/p=admin&c=index&a=index'）;
35.             die;
36.         }
37.         //实例化模型，取出数据
38.         $goods = new goodsModel（）;
39.         $goodsinfo = $goods->getById（$id）;
```

```
40.        //载入视图文件
41.        require './application/admin/view/goods_edit.html';
42. }
43. /* 保存商品信息 */
44. public function saveAction（）{
45.        //接收请求参数
46.        $id = $_GET['id'];
47.        $p=$_GET['page'];
48.        if（empty（$id））{
49.            header（'location：./index.php/p=admin&c=index&a=index'）;
50.            die;
51.        }
52.        if（empty（$_POST））{
53.            header（'location：./index.php/p=admin&c=index&a=index'）;
54.            die;
55.        }
56.        //实例化模型，取出数据
57.        $goods = new goodsModel（）;
58.        if（$goods->save（））
59.        {    $this->jump（"./index.php？p=admin&c=goods&a=list&page={$p}"，'保存成功'）;
60.        }
61.        else
62.        {    $this->jump（"./index.php？p=admin&c=goods&a=list&page={$p}"，'保存失败'）;
63.        }
64. }
65.        public function deleteAction（）{
66.        //接收请求参数
67.        $id = $_GET['id'];
68.        $p=$_GET['page'];
69.        if（empty（$id））{
70.            header（'location：./index.php/p=admin&c=index&a=index'）;
71.            die;
72.        }
73.        //实例化模型，取出数据
74.        $goods = new goodsModel（）;
75.        if（$goods->del（））
76.        {    $this->jump（"./index.php？p=admin&c=goods&a=list&page={$p}"，'删除成功'）;
77.        }
78.        else
79.        {    $this->jump（"./index.php？p=admin&c=goods&a=list&page={$p}"，'删除失败'）;
80.        }
81. }
82. public function addAction（）{
83.
84.        $cmodel = new categorysModel（）;
85.        $category=$cmodel->getAll（""）;
```

```
86.        $tree = new tree（$category）;
87.        $str = "<option value=\$id \$selected>\$spacer\$name</option>";   //生成的形式
88.        $ctype = $tree->get_tree（0，$str，0）;
89.        require './application/admin/view/goods_add.html';
90. }
91. public function doaddAction（）{
92.
93.        if（empty（$_POST））{
94.             header（'location：./index.php/p=admin&c=index&a=index'）;
95.             die;
96.        }
97.        //实例化模型，取出数据
98.        $goods = new goodsModel（）;
99.        if  （$goods->add（））
100.            {     $this->jump（"./index.php? p=admin&c=goods&a=list&page={$p}"，'添加成功'）;
101.            }
102.            else
103.            {     $this->jump（"./index.php? p=admin&c=goods&a=list&page={$p}"，'添加失败'）;
104.            }
105.        }
106.  }
```

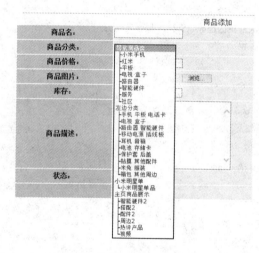

图 7.27　树型结构的显示效果

6. 树型结构类

在商品控制器中 addAction 方法中，使用了 tree 类。这个类可以将商品分类如图 7.27 所示的格式来显示。

在框架中封装一个 tree 类，创建文件：\framework\tree.class.php，具体代码由于篇幅关系，不详细列出，读者可从本书附带资源中下载。

7. 商品模型

在商品控制器中，要进行商品的列表显示和添加商品操作，需要在商品模型中定义相应的方法。

创建 goods 模型类。代码如下：

```
1. <? php
2. /*继承基础模型类 */
3. class goodsModel extends model{
4. /* 查询所有商品 */
5. public function getAll（$where，$limit）{
6.    if（$where==null）
7.    {//拼接 SQL
8.        $sql = "select * from `shop_goods` order by id desc";
```

```
9.      }
10.     else
11.     {
12.     $sql = "select * from   shop_goods $where order by id desc";
13.     }
14.      if （$limit==null）
15.     {//拼接 SQL
16.         $sql =$sql；
17.     }
18.     else
19.     {
20.     $sql =$sql ." limit ".$limit；
21.     }
22.     $data = $this->db->fetchAll（$sql）；
23.     return $data；
24. }
25. /* 查询指定 id 的商品 */
26. public function getByID（$id）{
27.     $data = $this->db->fetchRow（"select * from `shop_goods` where id={$id}"）；
28.     return $data；
29. }
30. /* 查询记录数 */
31. public function getNumber（$where）{
32.     if （$where==null）
33.     {//拼接 SQL
34.         $sql = "select count（*）  as num from `shop_goods` ";
35.     }
36.     else
37.     {
38.     $sql = "select count（*）  as num from   shop_goods $where ";
39.     }
40.     $data = $this->db->fetchRow（$sql）；
41.     return $data['num']；
42. }
43.
44. public function save（）{
45.     $id=$_GET['id'];
46.     $data['cateid'] = $_POST['cateid'];
47.     $data['name'] = $_POST['name'];
48.     $data['price'] = $_POST['price'];
49.     $data['store'] = $_POST['store'];
50.     $data['describe'] = $_POST['describe'];
51.     $data['status'] = $_POST['status'];
52.     $imagename=$_FILES['image']['name'];
53.     if（$imagename）{
54.         $img=new upload（）；
```

```
55.            $imageName=$img->saveas（'image'，'./public/goods'）;
56.            $data['image']=$imageName;
57.        }
58.        $sql = "update `shop_goods` set ";
59.        foreach（$data as $k=>$v）{
60.            $sql .= "`$k`=: $k，";
61.        }
62.        $sql = rtrim（$sql，'，'）; //去掉最右边的逗号
63.        $sql.=" where id=$id";
64.        //通过预处理执行 SQL
65.        $this->db->execute（$sql，$data，$flag）;
66.        return $flag;
67. }
68. public function del（）{
69.        $id=（int）$_GET['id'];
70.        $sql="delete from shop_goods where id=: id";
71.        $this->db->execute（$sql，array（': id'=>$id），$flag）;
72.        return $flag;
73. }
74. public function add（）{
75.        $data['cateid'] = $_POST['cateid'];
76.        $data['name'] = $_POST['name'];
77.        $data['price'] = $_POST['price'];
78.        $data['store'] = $_POST['store'];
79.        $data['describe'] = $_POST['describe'];
80.        $data['status'] = $_POST['status'];
81.        $imagename=$_FILES['image']['name'];
82.        if（$imagename）{
83.            $img=new upload（）;
84.            $imageName=$img->saveas（'image'，'./public/goods'）;
85.            $data['image']=$imageName;
86.        }
87.        $sql = "insert into `shop_goods` set ";
88.        foreach（$data as $k=>$v）{
89.            $sql .= "`$k`=: $k，";
90.        }
91.        $sql = rtrim（$sql，'，'）; //去掉最右边的逗号
92.        //通过预处理执行 SQL
93.        $this->db->execute（$sql，$data，$flag）;
94.        return $flag;
95. }
96. }
```

8．上传文件类

在 goods 模型类的 add 方法和 save 方法中，使用了 upload 类。这个类可以实现上传文件。下面将在框架中封装一个 upload 类，创建文件：\framework\upload.class.php，具体

代码如下：

```php
1.  <? php
2.  class upload{
3.  /**
4.   * @param $filename   字段名
5.   * @param $savePath   保存的路径
6.   * @param $maxSize    文件大小的限制
7.   * @param $allowExt   允许上传的格式类型
8.   */
9.  public function saveas ($userFile, $savePath = 'myupload', $maxSize = 0, $allowExt = array ('jpg', 'jpeg', 'png', 'gif')) {
10.     // 前期初始化操作
11.     $userFile = $_FILES[$userFile];
12.     // 制定类型    jpg  png  gif jpeg
13.     $allowExt = array ('jpg', 'jpeg', 'png', 'gif', 'bmp');
14.     // 设置允许的大小
15.     //$maxSize = 2048000；
16.     // 设置存放目录
17.     if (! file_exists ($savePath)) {
18.         mkdir ($savePath, 0755, true);
19.     }
20.     // 路径的处理
21.     $savePath =  rtrim ($savePath, '/') . '/';
22.     //1.验证错误号
23.     if ($userFile['error'] > 0)
24.     {
25.     switch ($userFile['error']) {
26.         case 1：$info = '超过了 php.ini 中 upload_max_filesize 的限制'; break;
27.         case 2：$info = '超过了 HTML 表单 中隐藏域设置的 限制'; break;
28.         case 3：$info = '文件只有部分被上传'; break;
29.         case 4：$info = '<center>文件没有上传</center>'; break;
30.         case 6：$info = '找不到临时目录'; break;
31.         case 7：$info = '文件写入失败'; break;
32.         default：
33.         $info = '未知错误';
34.         break;
35.     }
36.     // 一旦错误，终止程序，输出错误信息
37.     exit ($info);
38.     }
39.     //2.验证大小
40.     //$maxSize 为 0 ，用户不限制大小，后面不需要执行，遵守 php.ini 的设置
41.     //$maxSize 不为 0 ，代表，用户限制了图片大小， 还要知道，用户设置的是多少
42.     if ($maxSize && $maxSize < $userFile['size']) {
43.         exit ('文件大小过大！');
44.     }
```

```
45.        // 3.验证类型
46.        $type = explode（'/'，$userFile['type']）;
47.            if（$type[0] ！= 'image'）{
48.                exit（'请上传图片'）;
49.            }
50.        // 获取后缀
51.        $ext = $type[1];
52.        if（! in_array（$ext，$allowExt）） {
53.            exit（'不支持该图片格式类型'）;
54.        }
55.        // 4.生成新文件名
56.        $newName = md5（uniqid（）. mt_rand（0，9999999））.'.'. $ext;
57.        //echo $savePath . $newName；  die;
58.        // 5.执行上传
59.        // 判断是否通过 http post 上传
60.        if（is_uploaded_file（$userFile['tmp_name']））
61.        {
62.            // 合法
63.            // 6.执行移动
64.            if（move_uploaded_file（$userFile['tmp_name']，$savePath . $newName）） {
65.                return $newName;
66.            }
67.        }else{
68.            exit（'非法入境'）;
69.        }
70.    }
71. }
```

至此，电子商城项目的后台商品管理功能已经完成。本项目还可以继续扩展更多的功能，例如后台商品分类管理、订单管理等，但是项目结构不会发生改变，这也是使用 MVC 框架模式开发的优势之一。

小　　结

本项目主要介绍了在电子商城项目的前台功能和后台功能模块的开发。主要包括商品购买、购物车管理（修改数量、删除购物车商品、清空购物车）、生成订单和商品管理（商品添加、商品修改、商品删除和查询）、用户登录等功能，还学习了分页功能、图片上传、树型结构生成等方法。

参 考 文 献

［1］ 传智播客高教产品研发部．PHP 网站开发实例教程［M］．北京：人民邮电出版社，2015．

［2］ 传智播客高教产品研发部．PHP 程序设计高级教程［M］．北京：中国铁道出版社，2015．

［3］ 唐俊．PHP+MySQL 网站开发技术（项目式）［M］．北京：人民邮电出版社，2013．

［4］ 房爱莲．PHP 动态网页设计与制作案例教程［M］．北京：北京大学出版社，2011．